U0077554

計算機 組成原理

作業系統概論 II

北極星——著

- 初學者由淺入深理解作業系統
- 詳盡的完整強化CPU基礎知識
- 多元化循序漸進學會組合語言

Principles of Computer Organization

本書如有破損或裝訂錯誤，請寄回本公司更換

作　　者：北極星 著
責任編輯：賴彥穎 Kelly
董 事 長：陳來勝
總 編 輯：陳錦輝
出　　版：博碩文化股份有限公司
地　　址：221 新北市汐止區新台五路一段 112 號 10 樓 A 棟
　　　　　電話 (02) 2696-2869　傳真 (02) 2696-2867
郵撥帳號：17484299　戶名：博碩文化股份有限公司
博碩網站：http://www.drmaster.com.tw
讀者服務信箱：dr26962869@gmail.com
訂購服務專線：(02) 2696-2869 分機 238、519
（週一至週五 09:30 ～ 12:00；13:30 ～ 17:00）
版　　次：2022 年 4 月初版
建議零售價：新台幣 600 元
I S B N：978-626-333-081-8（平裝）
律師顧問：鳴權法律事務所 陳曉鳴 律師

國家圖書館出版品預行編目資料

計算機組成原理：作業系統概論 II / 北極星 著. --
初版. -- 新北市：博碩文化股份有限公司, 2022.04
　　面；　公分 --
ISBN 978-626-333-081-8(平裝)

1.CST：電腦工程　2.CST：作業系統

312.122　　　　　　　　　　　　　111004888

Printed in Taiwan

歡迎團體訂購，另有優惠，請洽服務專線
博 碩 粉 絲 團　(02) 2696-2869 分機 238、519

前言

本書是延續《計算機組成原理：作業系統概論 I》一書當中所講的內容，同時也是作業系統裡頭最基礎與最關鍵的基本知識，我知道作業系統非常地不簡單，沒辦法像組合語言基礎指令那樣，只用個三兩句便可以全部講完，而是得用許多語言文字來描述，但話雖如此，我盡量以一種大家都看得懂的方式來描述作業系統，哪怕我所比喻的技巧過於白話。

本書在設計上考量到現代人生活非常忙碌，沒有什麼時間可以用咬文嚼字的方式來閱讀工具書，所以我盡量用最白話的方式來解釋作業系統，另外，本書的實驗部分你有空做就做，沒空做也無所謂，只要知道有這件事情就好了。

以前有讀者跑來告訴我，說在學校上完了一學年的組合語言與作業系統之後幾乎等於什麼都沒學，因為根本就聽不懂老師到底在課堂上講些什麼鬼東西，但自從我們北極星出版了組合語言與作業系統的教材之後，有越來越多的讀者朋友們跑來告訴我，終於已經對組合語言與作業系統能夠有一個基本概念了，縱使還無法做出什麼大的作品出來，但至少在應付考試與應付學校課業方面，基本上已經是沒多大的問題。

我知道作業系統非常地困難，所以我願意站在大多數初學者們的立場跟大家一起來看待作業系統，但願本書的出現可以幫助到更多想學習作業系統的讀者朋友們，最後，由於團隊的作者們在學識上相當有限，因此，本書若有錯誤之處，還煩請各位讀者朋友們不吝指教。

北極星代表人

目錄

01 鞏固 8086 CPU 的基礎知識

02 組合語言程式開發

03　8086 CPU 的最後衝刺

04　從組合語言邁向作業系統的初步暖身 - 預備暖身

05 從組合語言邁向作業系統的初步暖身 - 段處理

06 從組合語言邁向作業系統的初步暖身 - 頁處理

07 從組合語言邁向作業系統的初步暖身 - 多工處理

08 從組合語言邁向作業系統的初步暖身 - 中斷處理

09 從組合語言邁向作業系統的初步暖身 - 最後衝刺

A　Debug 常用指令

B　安裝虛擬機

01

Chapter

鞏固 8086 CPU 的
基礎知識

≫ 1-1 記憶體空間大小的計算方式

我們在前面曾經說過有關於記憶體位址的單位以及其單位之間的換算：

1 KB = 1024 B = 2 的 10 次方 =2^{10} = 1024

1 MB = 1024 KB = 2 的 20 次方 =2^{10} = 1048576

1 GB = 1024 MB = 2 的 30 次方 = 2^{30} = 1073741824

1 TB = 1024 GB = 2 的 40 次方 = 2^{40} = 1099511627776

現在，我們要從上面這些單位為出發點，並來練習一些計算，首先，讓我們來看看下圖：

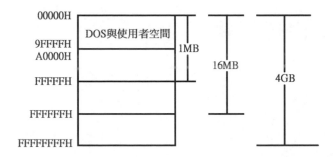

其中，每個定址的範圍都會對應到一顆 CPU，讓我們用個表來做個歸納與整理：

定址範圍	對應的 CPU
1MB	8086
16MB	80286
4GB	80386

現在，我們要來計算兩種問題：

題型一、假設現在有一個 16 位元的位址匯流排，那定址的最大空間怎麼算？

2^{16} = 2^{10} x 2^6 = 2^{10} x 64 = 1KB x 64 = 64 KB

同理可證，如果是 32 位元的話，則算法就是：

$$2^{32} = 2^{30} \times 2^2 = 2^{30} \times 4 = 1GB \times 4 = 4\ GB$$

由於技術的進步，未來位址匯流排的範圍可能會更大，例如到 64 位元以及 128 位元甚至是以上也說不定，屆時各位如果要計算的話，方法也是一樣。

題型二、位址 00000H 到位址 9FFFFH 之間的記憶體大小是多少？

位址 00000H 到位址 9FFFFH 之間的記憶體大小為 9FFFFH - 00000H = 9FFFFH = 655359D：

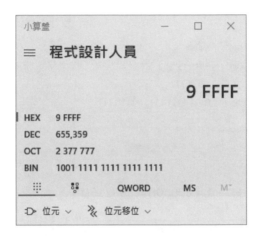

而 9FFFFH + 1 = 655359D + 1 = A0000 = 655360D：

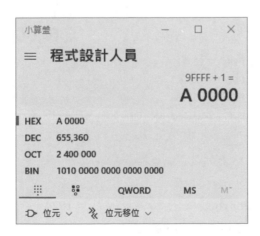

我們説，1 KB = 1024 Bytes = 2 的 10 次方 = 2^{10} = 1024

所以，655360D = 1024 x 640 = 1KB x 640 = 640 KB

同理可證，位址 A0000H 到位址 FFFFFH 之間的記憶體大小是多少？

位址 FFFFFH 到位址 A0000H 之間的記憶體大小為 FFFFFH - A0000H = 5FFFF = 393215D：

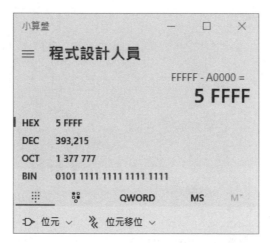

而 5FFFF + 1 = 393215D + 1 = 60000H = 393216D：

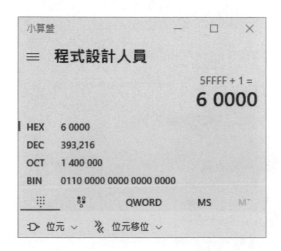

我們説，1 KB = 1024 Bytes = 2 的 10 次方 = 2^{10} = 1024

所以，393216D = 1024 x 384 = 1 KB x 384 = 384 KB

≫ 1-2 以偏移量的形式來表示記憶體位址

到目前為止,我們對於記憶體位址的描述方式有兩種,一種是 16 位元位址,另一種則是 20 位元位址,圖示如下所示:

	0B290	0B291	0B292	0B293	0B294	0B295	0B296	0B297
	mov ax , 1			mov bx , 2			add ax , bx	
記憶體	B8	01	00	BB	02	00	01	D8
	0B19：0100	0B19：0101	0B19：0102	0B19：0103	0B19：0104	0B19：0105	0B19：0106	0B19：0107

為了更清楚地表達上圖,讓我們用個表來做個歸納:

程式	資料	16 位元位址	20 位元位址
mov ax , 1	B8	0B19：0100	0B290
	01	0B19：0101	0B291
	00	0B19：0102	0B292
mov bx , 1	BB	0B19：0103	0B293
	02	0B19：0104	0B294
	00	0B19：0105	0B295
add ax , bx	01	0B19：0106	0B296
	D8	0B19：0107	0B297

上面那兩種方式雖然很普遍,但是在有的參考或者是技術分析文獻當中會用另一種方式來表達記憶體位址,這種方式是針對偏移量的形式來做處理,在這種情況之下假設以段基礎位址與段內偏移位址為基準,並針對段內偏移位址來做變化,情況如下表所示:

程式	資料	16 位元位址	20 位元位址	偏移量
mov ax , 1	B8	0B19：0100	0B290	+00
	01	0B19：0101	0B291	+01
	00	0B19：0102	0B292	+02
mov bx , 1	BB	0B19：0103	0B293	+03
	02	0B19：0104	0B294	+04
	00	0B19：0105	0B295	+05
add ax , bx	01	0B19：0106	0B296	+06
	D8	0B19：0107	0B297	+07

針對上面的表格，圖示如下：

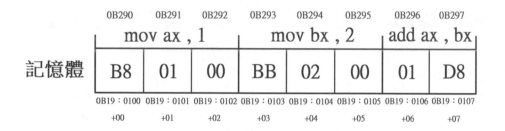

也就是說，如果以 0B19：0100 為基準，那資料 BB 的地方就是 +03，這個 +03 是針對段內偏移位址的立場來說的，同理 +06 的地方所放置的資料就是 01。

各位可以想像一下，如果各位要查看記憶體位址之內的資料，也可以針對偏移量來下手，好處是可以知道要查看的資料距離當下的記憶體位址也就是基準點有多遠，這樣一來，對各位在了解記憶體位址之內的資料上也是一大便利。

以偏移量來表示記憶體位址的方式非常重要，尤其是在分析記憶體或者是執行檔（例如 Windows PE）的技術當中，便會看到以偏移量的方式來表示記憶體位址。

≫ 1-3 暫存器與內部結構的補充

前面，我們對於 8086 CPU 僅止於一個概論性上的簡介，所以本節我們要來補充一些基礎知識，但這些基礎知識僅供我們學習作業系統時會用到即可，其餘的部分我們就不介紹，首先是暫存器的部分（下圖引用自維基百科）：

Intel 8086暫存器

$^1_9\,^1_8\,^1_7\,^1_6\,^1_5\,^1_4\,^1_3\,^1_2\,^1_1\,^1_0\,^0_9\,^0_8\,^0_7\,^0_6\,^0_5\,^0_4\,^0_3\,^0_2\,^0_1\,^0_0$ （位元位置）

主暫存器

AH	AL	**AX**（累加器）
BH	BL	**BX**（基址暫存器）
CH	CL	**CX**（計數暫存器）
DH	DL	**DX**（資料暫存器）

索引暫存器

0000	SI	源索引暫存器
0000	DI	目的索引暫存器
0000	BP	基址指標暫存器
0000	SP	堆疊指標暫存器

程式計數器

| 0000 | IP | 指令指標 |

段暫存器

CS	0000	代碼段暫存器
DS	0000	資料段暫存器
ES	0000	附加段暫存器
SS	0000	堆疊段暫存器

狀態暫存器

| - - - - O D I T S Z - A - P - C | 標誌暫存器 |

各位可以看到，之前所用的暫存器像是 AX 暫存器與 BX 暫存器等都是屬於主暫存器，雖然你可以把資料給放進主暫存器當中，但要注意的是，每一種暫存器都有其用途，例如 CX 暫存器是計數暫存器，當執行迴圈時來作為迴圈的次數，其他的還有索引暫存器以及段暫存器等等，它們皆有其用途，整理後如下表所示：

名稱	解說	備註
AX	1. 累加運算 2. 存放運算結果 3. 對外硬體資料的傳輸	也被稱之為累積器
BX	1. 作為對記憶體基底定址時使用	也被稱之為基底暫存器
CX	1. 迴圈時計數用，設定值會依照迴圈次數而遞減	
DX	1. 存放資料 2. I/O 運行時存放 port 的號碼便可成為 I/O 的位址 3. 配合 AX 來做乘法與除法運算	
		以下為搭配指位器
CS	用於程式段 CODE	CS：IP
DS	用於資料段 DATA	DS：SI（DS：XX）
SS	用於堆疊段 STACK	SS：SP（SS：BP） 要注意的是，SP 指到堆疊的頂端，但 BP 可指到堆疊當中的任意位址
ES	用於額外段 EXTRA	ES：DI

DS 暫存器會指向目前資料段的起始位址，至於 SI 暫存器則是和 ES 暫存器與 DI 暫存器配合，做字串的處理。

也許各位會問，為什麼會有這麼多的暫存器？ 之所以會這麼做的原因就在於方便管理，例如說 CS 暫存器負責指向程式，而 DS 暫存器負責指向資料，也就是說每個暫存器只要負責處理好自己本身所被賦予的特性，這樣就能夠方便讓程式設計師們來設計程式。

另外就是標誌暫存器，也就是我們說的旗標，旗標就相當於號誌，會告訴我們相關訊息，例如在進行運算時若是產生負號，則旗標會發生變化，而關於這部分的知識，整理後如下表所示：

位元	15	14	13	12	11	10	9	8	7	6	5	4	3	2	1	0
名稱					OF	DF	IF	TF	SF	ZF		AF		PF		CF

解說如下：

位置	名稱	意義	解說
0	CF（Carry）	進位旗標	CF=1 進行四則運算時，運算對象的最高位元「有」產生進位或借位 CF=0 進行四則運算時，運算對象的最高位元「沒有」產生進位或借位
2	PF（Parity）	同位元旗標	PF=1 運算結果有「偶數」個 1 PF=0 運算結果有「奇數」個 1
4	AF（Auxiliary Carry）	輔助進位旗標	AF=1 運算時，數字的第 3 位元進位或第 4 位元「有」借位 AF=0 運算時，數字的第 3 位元進位或第 4 位元「沒有」借位
6	ZF（Zero）	零旗標	ZF=1 運算結果「為」0 ZF=0 運算結果「不為」0
7	SF（Sign）	符號旗標	SF=1 有號數運算時，結果「為」負數 SF=0 有號數運算時，結果「不為」負數
8	TF（Trap）	陷阱旗標	TF=1 程式「進入」單步執行，並進行偵錯 TF=0 程式「沒進入」單步執行
9	IF（Interrupt）	中斷旗標	IF=1 CPU「發生」中斷 IF=0 CPU「沒發生」中斷
10	DF（Directions）	方向旗標	情況為 DS:SI 與 ES:DI 在記憶體做資料比較或搬移等動作，此時： DF=1 高位址往低位址移動（每次減 1） DF=0 低位址往高位址移動（每次加 1）
11	OF（Over）	溢位旗標	OF=1 有號數運算時，結果「發生」超過暫存器所儲存的容量 OF=0 有號數運算時，結果「沒發生」超過暫存器所儲存的容量

剩餘的 1、3、5、12、13、14、15 為保留。

講完了暫存器之後，接下來我們要來講的是 8086 CPU 的內部構造，雖然我們曾經在前面講過了 8086 CPU 的內部構造，不過那只是我自己畫的教學圖，詳細情況還是請各位參考下圖（下圖引用自維基百科）：

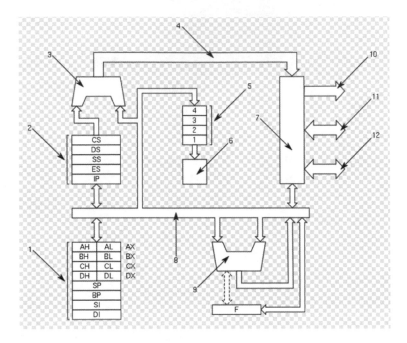

上圖中的 CPU 是 **8088**，8088 是 **8086** 的一種變體，所以對於我們想了解 8086 的參考價值仍然很大，下表是圖中各個功能的解說：

號碼	結構
1	主暫存器
2	CS 暫存器與 IP 暫存器及其他區段暫存器。
3	位址加法器
4	內部位址匯流排
5	指令佇列
6	控制單元
7	匯流排介面
8	內部資料匯流排
9	ALU
10	外部資料匯流排
11	位址匯流排
12	控制匯流排

以上就是我們對 8086 CPU 的補充，我知道 8086 CPU 的內容遠遠超過本節的補充，但由於我們是一本在講解作業系統的介紹性書籍，不是專門在講解 CPU 的書籍，所以我們只補充我們前面所用到過的 8086 CPU 的基礎知識即可，最後，關於 8086 CPU 更深刻的內部知識已經遠遠地超越了本書的範圍，有興趣的讀者們可以參考其他的書籍。

本節參考資料與引用圖片：

https://zh.wikipedia.org/wiki/Intel_8086

≫ 1-4 管線技術簡介

對 8086 CPU 而言，我們可以把 8086 CPU 的內部構造給劃分成兩個單元，分別是：

中文名稱	英文名稱	簡寫
匯流排介面單元	Bus Interface Unit	BIU
執行單元	Execution Unit	EU

圖示如下所示：

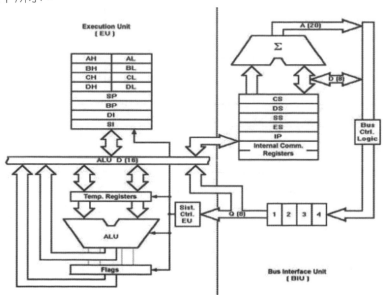

上圖是個 8086 CPU 的簡圖，簡圖的中間有一條分隔線，分隔線的左邊是 EU，右邊則是 BIU，BIU 以及 EU 的功能以及這兩者之間的關係我們在前面都已經說過了，簡單來說的話就是，BIU 負責從記憶體裡頭取出資料，並且把資料給放進指令佇列當中，放完之後，EU 便會到指令佇列當中去讀取資料，如果這資料是指令的話便會對資料來進行解碼後執行。

所以各位可以看到，先有 BIU，後有 EU，圖示如下所示：

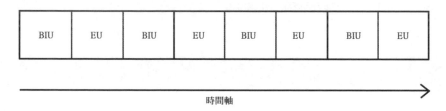

從上面的圖當中我們可以知道，BIU 與 EU 是照順序來執行，也就是說，先做 BIU 之後才做 EU，執行 BIU 之時，EU 休息，而不執行 BIU 之時，則表示 EU 此時此刻正在工作，但像這種後面（如 EU）等前面（BIU）的情況會有個問題，那就是如果前面（BIU）的時間拖很長，那後面（EU）就得花很多的時間在等待，因此，才有一種被稱之為管線（Pipelining）的技術來解決這種等待的問題，也就是當 BIU 工作之時，EU 也同時在工作，這是一種並行處理的方式，圖示如下所示：

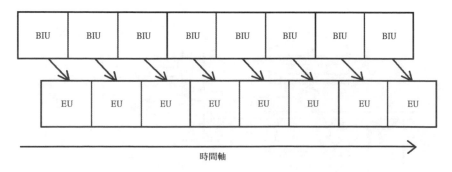

使用了管線技術之後，BIU 與 EU 便可以同時工作，如此一來便可以提升 CPU 的工作效率。

本節引用圖片出處：

https://www.cosc.brocku.ca/~bockusd/3p92/Local_Pages/8086_achitecture.htm

≫ 1-5 多核心的基本概念

在講多核心之前，讓我們先回到這張圖：

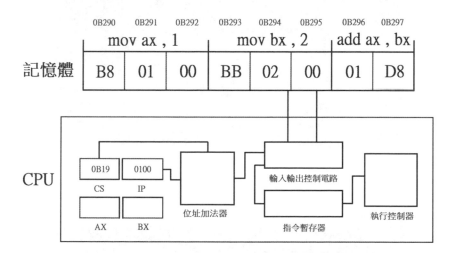

我們曾經用上面那張圖來講述 CPU 如何從記憶體當中來擷取資料（含指令）與執行資料的整個過程，假設現在有兩個行程分別是行程 A 與行程 B，並且當中有被切割出來的執行緒，讓我們用兩個表來分別地表示：

行程 A	執行緒 1	執行緒 2	…
資料	B8 01 00 BB 02 00 01 D8	E8E4DF	…

行程 B	執行緒 3	執行緒 4	…
資料	B9 01 00 BA 02 00 01 D1	E8E4DF	…

執行緒的切割部份是我為了說明起見而任意選取的，僅止於方便解說而已，至於程式碼的部分請各位參考下面的圖。

程式碼 1：

程式碼 2：

我們在講述 CPU 從記憶體當中來擷取資料的時候便可以知道，一顆 CPU 一次就只能執行一段程式，而假設這段程式是由某段執行緒來處理，CPU 再怎麼樣也無法在同一時間之內同時執行兩段程式碼或者是兩個執行緒，也就是說，CPU 無法在同一時間之內同時執行下面的執行緒 1 與執行緒 3：

執行緒 1	B8 01 00 BB 02 00 01 D8
執行緒 3	B9 01 00 BA 02 00 01 D1

畢竟 CPU 只有一顆而已，但這時候為了提升效能，那該怎麼辦呢？所以這時候多核心 CPU 的概念就因此而誕生，讓我們來看個小故事。

假設宇宙中有一個很特別的種族 A，種族 A 這種人有兩顆獨立的大腦，但由於一個人有兩顆獨立的大腦在生活上很不方便，於是經過數百萬年的演化之後，種族 A 便自然而然地把兩顆大腦給合成一顆大大腦，但別誤會，那只是把兩顆大腦給合成一顆大大腦，而在這一顆大大腦裡頭依然是有兩顆大腦，情況如下所示：

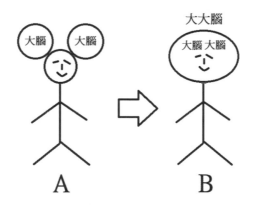

回到我們的電腦：

故事名詞	專有名詞
大腦	CPU
人	主機板

我們都知道，CPU 是被插在主機板上，因此，根據 CPU 設計的不同，我們會有不同的安排方式：

主機板	個別 CPU 數量	總體 CPU 數量	種族
1	2	2	A
1	2	1	B

對於上表來說，第二列的情況跟第一列的差別只在於總體 CPU 的數量，也就是把兩顆個別的 CPU（相當於大腦）給「裝進」或「封裝」成一顆獨立的 CPU（相當於大大腦），而像第二列的這種情況，就是所謂的雙核心 CPU，圖示如下所示：

雙核心CPU

CPU1　CPU2

換句話說，所謂的多核心就是把多顆 CPU 給「封裝」成一顆獨立的 CPU，至於為什麼要這麼做，以雙核心的設計方式來說，目的就是要提升整體的運行效率。

多核心 CPU 已經是市場上的商業主流，所以你可能會聽到像是四核心或者是八核心等 CPU，它們的原理如上。

最後補充一點，多核心處理器的誕生，主要是支援作業系統的多工技術，也就是讓你上網打電動的同時也可以聽音樂，至於技術實現的方式則是在一顆 IC 裡頭封裝兩顆或兩顆以上的獨立處理器，而被封裝的每一顆處理器又被稱之為核心，每一顆核心可以獨立地執行程式，並運用平行計算能力來加快程式的執行速度。

一顆 CPU 在同一時間之內只能處理一個執行緒，但當 CPU 發展到 Pentium4 之時卻有了進一步的變化，Pentium4 提供一種被稱之為超執行緒的技術，也就是把一顆 CPU 給模擬成兩顆核心或者是兩個執行緒，例如說單核心搭

配雙執行緒,或者是雙核心搭配四執行緒,後續以此類推,也有四核心八執行緒,那就看設計者怎麼設計。

原則上如果沒有超執行緒技術的話,那一顆 CPU 就只能搭配一個執行緒,但如果有超執行緒技術的話,那一顆 CPU 就可以搭配到兩個執行緒,附帶一提的是超執行緒技術目前只針對 Intel 家的 CPU,對於 AMD 家的 CPU 來說,則是沒有超執行緒這種技術問題。

≫ 1-6 串列、並行與平行

在講這三個主題之前讓我們先來看個小故事。

1. 串列(Serial):宅在家裡打電動,打到正精彩時,突然間女朋友來電,這時候你把電動給全部打完並且破關之後才去接女朋友的電話,所以串列的意思就是指一件事情完成之後才完成下一件事情

2. 並行(Concurrent):宅在家裡打電動,打到正精彩時,突然間女朋友來電,這時候你把電動放一邊去之後,接著去接女朋友的電話,講完電話後又繼續回去打電動,所以並行的意思就是指在一個時間之內,可以不斷地來回做切換,並以此來執行多件事情,講白一點就是一下做這個,一下做那個。

3. 平行(Parallel):你跟你女朋友兩人一起宅在家裡打電動,但注意的是一人一台電動,所以你們同時打,誰也不干擾誰,例如你打魔獸,而女朋友打馬力歐,兩人可同時開始,但不一定同時結束,那就看誰有本事先破關誰就先贏,所以平行的意思就是指對同一時間點來說,可以同時執行多件事情

以上三種執行方式在作業系統裡頭都可以實現,迄今為止,我們所探討過的部分只用到了並行(Concurrent),而平行(Parallel)的部分則是沒有被探討過,有機會的話未來可以來研究。

最後，讓我們用一張圖來總結後面兩者之間的關係：

雙核心CPU

上圖的意思是說，在一顆雙核心的 CPU 裡頭有兩顆 CPU 也就是兩顆核心，且每一顆核心有兩個執行緒，則：

1. 並行（Concurrent）：每一顆核心當中的兩個執行緒會來回地切換工作
2. 平行（Parallel）：CPU1 與 CPU2 可以同時運算

針對並行來說，像是 CPU1 當中的執行緒 1 與執行緒 2 會來回地切換工作，同理 CPU2 當中的執行緒 3 與執行緒 4 也一樣會來回地切換工作。

最後補充一點，平行執行後，可以把每一個計算單元給切割，接著用並行來處理，這是平行與並行之間的關聯，例如你跟你女朋友兩人在一起打電動，這就是平行，但這時電話響了就可以去接，接完後回來繼續打，這就是並行。

≫ 1-7 相容性概說

相容性也有人稱之為兼容性，那什麼是相容性呢？讓我們來看一段小故事。

假如現在有一顆直徑 10 公分的籃球，那我要把這顆籃球給放進一個長寬高分別為 10 公分的 A 箱子當中，那你說這顆籃球可不可以被放進 A 箱子裡頭去呢？答案是可以的，因為籃球的尺寸剛好符合 A 箱子的尺寸。

好，假如這時候 A 箱子因為不耐用，因此現在要拿個新箱子來套上 A 箱子，那這個新箱子的尺寸大小一定會決定能不能把 A 箱子給套進去，讓我們來看看下面這兩個例子：

1. 假如新箱子 B 的大小，其長寬高分別為 20 公分、10 公分與 10 公分，則 A 箱子可以被套進 B 箱子當中

2. 假如新箱子 C 的大小，其長寬高分別為 5 公分、10 公分與 10 公分，則 A 箱子不可以被套進 C 箱子當中

針對上面的情況，這時候我們說 B 箱子相容或者是兼容 A 箱子。

讓我們回到電腦，在上面的故事中：

故事名詞	專有名詞
籃球	資料
箱子	暫存器

對 8086 CPU 來說，暫存器是 16 位元，但問題是 CPU 的製造技術會日新月異地不斷進步，例如說暫存器會從原本的 16 位元會被擴展成 32 位元之外，同時也新增了 FS 與 GS 這兩個額外區段暫存器，以 80386 與 80486 的 CPU 為例，情況如下所示：

EAX 累積暫存器			
	AX 暫存器		
	AH 暫存器		AL 暫存器
31　　　　　　　　　　　16	15　　　　　8	7　　　　　　0	

EBX 基底暫存器			
	BX 暫存器		
	BH 暫存器		BL 暫存器
31　　　　　　　　　　　16	15　　　　　8	7　　　　　　0	

ECX 計數暫存器			
	CX 暫存器		
		CH 暫存器	CL 暫存器
31　　　　　　　　16	15　　　　　8	7　　　　　0	

EDX 資料暫存器			
	DX 暫存器		
		DH 暫存器	DL 暫存器
31　　　　　　　　16	15　　　　　8	7　　　　　0	

EIP 指令指位器	
	IP 暫存器
31　　　　　　　　16	15　　　　　　　　0

ESP 堆疊指位器	
	SP 暫存器
31　　　　　　　　16	15　　　　　　　　0

EBP 基底指位器	
	BP 暫存器
31　　　　　　　　16	15　　　　　　　　0

ESI 來源索引指位器	
	SI 暫存器
31　　　　　　　　16	15　　　　　　　　0

EDI 目的索引指位器	
	DI 暫存器
31　　　　　　　　16	15　　　　　　　　0

EFL 旗標暫存器																	
									FL 暫存器								
31								16	15								0

但區段暫存器的部分仍然保持原本 16 位元的設計：

CS 程式區段暫存器															
15															0

DS 資料區段暫存器															
15															0

SS 堆疊區段暫存器															
15															0

ES 額外區段暫存器															
15															0

FS 額外區段暫存器															
15															0

GS 額外區段暫存器															
15															0

所以從上面的介紹當中我們可以知道，除了區段暫存器以外，其餘原本的
16 位元暫存器都已經被擴展成 32 位元，這樣做的目的就是要跟以前的 8086
或 80286 等 CPU 相容（或兼容）

不過要注意的是，雖然指位器與旗標暫存器都已經被擴展成 32 位元，也就是前面所說過的 4GB，但是在 80386 與 80486 的真實模式底下，區段的大小依然被限制在 64KB（含 64KB 以內），至於旗標暫存器方面，多出來的位元依然用於系統控制。

≫ 1-8 段重疊概說

在前面，我們曾經講過 CS 等四個區段暫存器以及其所搭配的指位器：

CS	用於程式段 CODE	CS：IP
DS	用於資料段 DATA	DS：SI（DS：XX）
SS	用於堆疊段 STACK	SS：SP（SS：BP） 要注意的是，SP 指到堆疊的頂端，但 BP 可指到堆疊當中的任意位址
ES	用於額外段 EXTRA	ES：DI

以 CS 和 IP 這兩組暫存器為例，只要 CS 一定了下來，這時候 IP 便可以隨處移動，要注意的是，這四個區段所限定住的範圍之間是可以發生重疊的，如下圖中塗滿的部份就是程式段 CODE 與資料段 DATA 之間發生了重疊的現象：

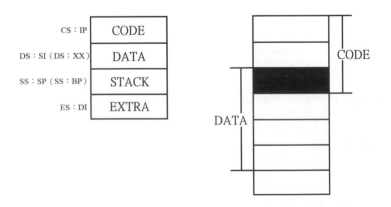

這樣講或許過於抽象，在此讓我們來舉個實際的範例。

假設現在有兩個段,分別是段 A 與段 B,段 A 的起始點是 0000,而段 B 的起始點則是 0002,如果兩者都要取到 0005 當中的資料,則段 A 只要偏移 5 個單位之後便可以找到 0005,至於段 B 則是偏移 3 個單位之後便可以找到 0005,而從 0002 的地方開始,便是段 A 與段 B 發生重疊的部分,圖示如下所示:

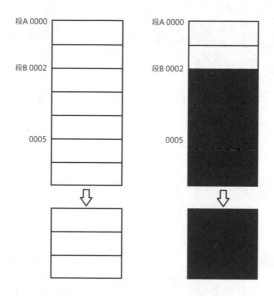

注意,右圖黑色塗滿的地方就是段重疊的部分。

≫ 1-9 立即定址法

在前面,我們曾經舉了幾個範例程式碼,現在,我們要對這些範例程式碼的內容來做一個比較詳細的說明,首先是立即定址法,範例如下:

操作碼	目的運算元	來源運算元
mov	ax	1

立即定址法的寫法就是運算元是個常數,且運算元被放置在操作碼的後面,因此,下面的範例也屬於立即定址法:

操作碼	運算元
int	10H

範例如下所示：

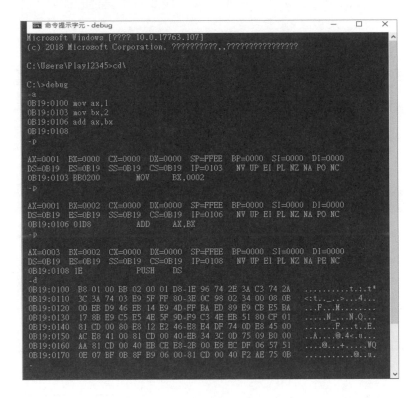

1-10 暫存器定址法

暫存器定址法的範例如下：

操作碼	暫存器
push	ax

暫存器定址法就是運算元被放置在暫存器當中，因此，下面的範例也屬於暫存器定址法：

操作碼	範例寫法
mov	ax,bx

範例如下所示：

注意，暫存器裡頭一定要放有資料，不然程式無法執行。

1-11 直接定址法

直接定址法就是運算元的部分是有效記憶體位址，並配合區段暫存器 DS 來使用，例如我們在前面寫過的範例程式碼：

操作碼	範例寫法
mov	bx,[0000]

範例如下所示：

▷ 1-12 暫存器間接定址法

暫存器間接定址法就是以暫存器來間接地指出有效的記憶體位址，使用的暫存器按照英文字母順序來排列的話則是 BX、BP、DI 與 SI。

以上四個暫存器還會搭配區段暫存器 DS 來一起使用，例如下面的範例程式碼：

操作碼	範例寫法
mov	ax,[bx]

讓我們來看個範例：

上面的程式碼是說，先找個空白區域，例如 3000:0000，並且在 3000:0000 的地方依次地寫入資料 6、8、7、9、4、2，接著開始寫程式，要注意的是：

位址	程式碼	意義
0B1D：0105	mov bx,0002	把 0002 給丟進 bx 暫存器當中去當基底
0B1D：0108	mov ax,[bx]	把 ds 暫存器與 bx 暫存器所合成的位址 30002 當中的資料 0907 給丟進 ax 暫存器裡頭去

最後用 g 指令來附上位址，並一次執行所有的程式碼。

⟫ 1-13 基底相對定址法

基底相對定址法就是以 BX 或 BP 暫存器再加上一個偏移量來得到有效的記憶體位址，例如下面的範例程式碼：

操作碼	範例寫法	偏移量
mov	ax,[bx]+0003	3
	ax,[bx+0002]	2
	ax,2[bx]	2

讓我們來看看幾個範例，首先是範例 1：

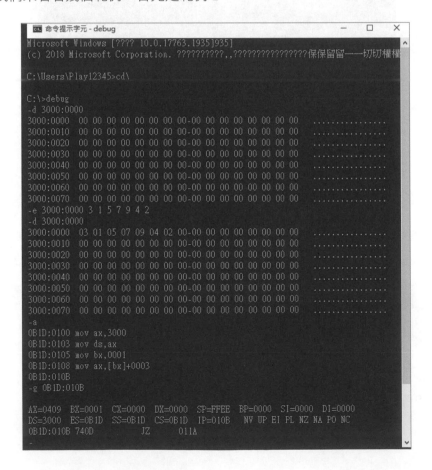

這個範例是說，設定 bx=0001，並且讓 bx 加上偏移量 0003，因此一開始的位址是 30001，加上偏移量 0003 之後就成為 30004，所以取出的資料便是 0409。

範例 2：

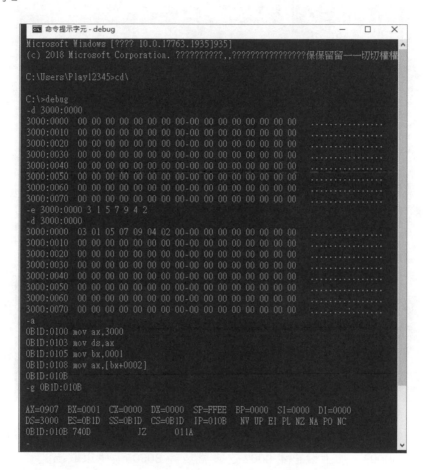

這個範例是說，設定 bx=0001，並且讓 bx 加上偏移量 0002，因此一開始的位址是 30001，加上偏移量 0002 之後就成為 30003，所以取出的資料便是 0907。

範例 3：

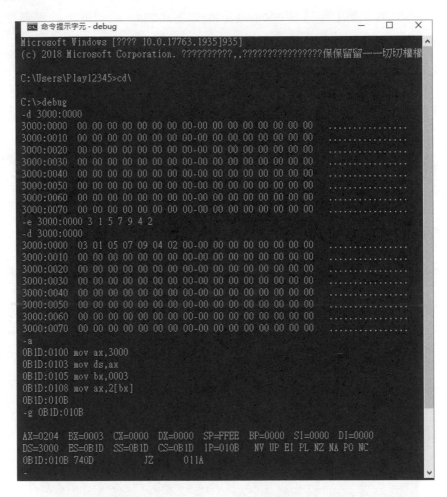

這個範例是說，設定 bx=0003，並且讓 bx 加上偏移量 0002，因此一開始的位址是 30003，加上偏移量 0002 之後就成為 30005，所以取出的資料便是 0204。

不過要請各位注意一點，如果以 bx 暫存器為基底暫存器的話，這時候的區段暫存器就會是 ds，同理，如果是 bp 的話，那對應的就會是 ss。

⟫ 1-14 直接索引定址法

直接索引定址法與基底相對定址法的意思一樣，差別在於多了個 si 或 di 暫存器，並再加上一個偏移量，讓我們來看兩個範例。

範例 1：

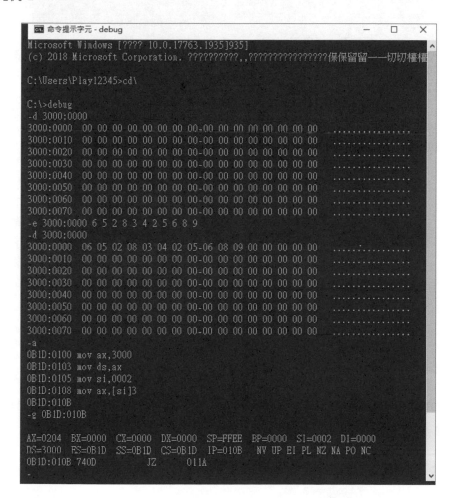

上面的意思是說，先算出 ds 的值 3000 之後，再加上索引 0002 以及偏移量 0003，而加總之後的位址便是 0005，所以得到的資料便是 0204。

範例 2：

```
命令提示字元 - debug                                        —   □   ×
Microsoft Windows [???? 10.0.17763.1935]935]
(c) 2018 Microsoft Corporation. ??????????,,??????????????????保保留留一一切切權檔

C:\Users\Play12345>cd\

C:\>debug
-d 3000:0000
3000:0000  00 00 00 00 00 00 00 00-00 00 00 00 00 00 00 00   ................
3000:0010  00 00 00 00 00 00 00 00-00 00 00 00 00 00 00 00   ................
3000:0020  00 00 00 00 00 00 00 00-00 00 00 00 00 00 00 00   ................
3000:0030  00 00 00 00 00 00 00 00-00 00 00 00 00 00 00 00   ................
3000:0040  00 00 00 00 00 00 00 00-00 00 00 00 00 00 00 00   ................
3000:0050  00 00 00 00 00 00 00 00-00 00 00 00 00 00 00 00   ................
3000:0060  00 00 00 00 00 00 00 00-00 00 00 00 00 00 00 00   ................
3000:0070  00 00 00 00 00 00 00 00-00 00 00 00 00 00 00 00   ................
-e 3000:0000 6 2 8 5 3 9 4 1 5 7 6 3 5 4 2 4
-d 3000:0000
3000:0000  06 02 08 05 03 09 04 01-05 07 06 03 05 04 02 04   ................
3000:0010  00 00 00 00 00 00 00 00-00 00 00 00 00 00 00 00   ................
3000:0020  00 00 00 00 00 00 00 00-00 00 00 00 00 00 00 00   ................
3000:0030  00 00 00 00 00 00 00 00-00 00 00 00 00 00 00 00   ................
3000:0040  00 00 00 00 00 00 00 00-00 00 00 00 00 00 00 00   ................
3000:0050  00 00 00 00 00 00 00 00-00 00 00 00 00 00 00 00   ................
3000:0060  00 00 00 00 00 00 00 00-00 00 00 00 00 00 00 00   ................
3000:0070  00 00 00 00 00 00 00 00-00 00 00 00 00 00 00 00   ................
-a
0B1D:0100 mov ax,3000
0B1D:0103 mov ds,ax
0B1D:0105 mov si,0003
0B1D:0108 mov ax,[si]4
0B1D:010B
-g 0B1D:010B

AX=0501  BX=0000  CX=0000  DX=0000  SP=FFEE  BP=0000  SI=0003  DI=0000
DS=3000  ES=0B1D  SS=0B1D  CS=0B1D  IP=010B   NV UP EI PL NZ NA PO NC
0B1D:010B 740D          JZ      011A
-
```

上面的意思是說，先算出 ds 的值 3000 之後，再加上索引 0003 以及偏移量
0004，而加總之後的位址便是 0007，所以得到的資料便是 0501。

⟩⟩ 1-15 基底索引定址法

基底索引定址法就是把基底與索引給合成的一種方法，也就是把 ds、bx 與 si 給合成的一種方法，讓我們來看兩個範例。

範例 1：

上面的意思是說，先算出 ds 的值 3000 之後，再加上基底 0001、索引 0003 以及偏移量 0002，而加總之後的位址便是 0006，所以得到的資料便是 0204。

範例 2：

```
CON 命令提示字元 - debug                                    —    □    ✕
(c) 2018 Microsoft Corporation. ??????????,,????????????????

C:\Users\Play12345>cd\

C:\>debug
-d 3000:0000
3000:0000  00 00 00 00 00 00 00 00-00 00 00 00 00 00 00 00   ................
3000:0010  00 00 00 00 00 00 00 00-00 00 00 00 00 00 00 00   ................
3000:0020  00 00 00 00 00 00 00 00-00 00 00 00 00 00 00 00   ................
3000:0030  00 00 00 00 00 00 00 00-00 00 00 00 00 00 00 00   ................
3000:0040  00 00 00 00 00 00 00 00-00 00 00 00 00 00 00 00   ................
3000:0050  00 00 00 00 00 00 00 00-00 00 00 00 00 00 00 00   ................
3000:0060  00 00 00 00 00 00 00 00-00 00 00 00 00 00 00 00   ................
3000:0070  00 00 00 00 00 00 00 00-00 00 00 00 00 00 00 00   ................
-e 3000:0000 3 5 2 6 9 5 1 4 2 7 5 7 5 4 8
-d 3000:0000
3000:0000  03 05 02 06 09 05 01 04-02 07 05 07 05 04 08 00   ................
3000:0010  00 00 00 00 00 00 00 00-00 00 00 00 00 00 00 00   ................
3000:0020  00 00 00 00 00 00 00 00-00 00 00 00 00 00 00 00   ................
3000:0030  00 00 00 00 00 00 00 00-00 00 00 00 00 00 00 00   ................
3000:0040  00 00 00 00 00 00 00 00-00 00 00 00 00 00 00 00   ................
3000:0050  00 00 00 00 00 00 00 00-00 00 00 00 00 00 00 00   ................
3000:0060  00 00 00 00 00 00 00 00-00 00 00 00 00 00 00 00   ................
3000:0070  00 00 00 00 00 00 00 00-00 00 00 00 00 00 00 00   ................
-a
0B1D:0100 mov ax,3000
0B1D:0103 mov ds,ax
0B1D:0105 mov bx,0003
0B1D:0108 mov si,0005
0B1D:010B mov ax,[bx][si]1
0B1D:010E
-g 0B1D:010E

AX=0507  BX=0003  CX=0000  DX=0000  SP=FFEE  BP=0000  SI=0005  DI=0000
DS=3000  ES=0B1D  SS=0B1D  CS=0B1D  IP=010E   NV UP EI PL NZ NA PO NC
0B1D:010E 45            INC      BP
-
```

上面的意思是說，先算出 ds 的值 3000 之後，再加上基底 0003、索引 0005
以及偏移量 0001，而加總之後的位址便是 0009，所以得到的資料便是
0507。

02

Chapter

組合語言程式開發

≫ 2-1 為什麼要使用組合語言以及編譯器種類概說

了解作業系統可以說是一件非常不簡單的事情，各位如果有讀過市面上作業系統的書籍就知道，大多數的作業系統書籍都是以語言文字來描述，很少有參考書會使用像是 C 語言或組合語言等程式語言來描述作業系統，其實，真正想要了解作業系統的話，就是得從程式語言來開始，所以這時候你一定得要有 C 語言以及組合語言的基礎你才能夠來學習作業系統，舉個簡單的例子來說，像是 Boot 引導程式也都是使用組合語言來撰寫，由此可知，組合語言在作業系統當中所扮演的角色是多麼地重要。

在我們的課程中，我們會交叉地使用 C 語言以及組合語言來學習作業系統，由於組合語言特別難處理，所以本章就要來介紹組合語言以及其編譯的方式。

組合語言的撰寫方法有很多種，最簡單的莫過於前面所介紹過的 Debug，但除了 Debug 之外，目前市面上還流行著像是 NASM、MASM 與 TASM 等編譯器，本章主要介紹三個，也就是 Debug、NASM 與 MASM，雖然 Debug 我們已經在卷 1 當中有稍微地介紹過了，不過在此我會再給各位更多的介紹，各位就全當是補充。而在補充完之後，我會介紹 NASM 與 MASM 的下載、安裝以及撰寫等方法，各位只要照著我們的步驟一一去做，一定能夠藉由 NASM 與 MASM 這兩款編譯器來成功地撰寫組合語言。

好了，話不多說，讓我們先一步一步地來，首先是編譯器的介紹。

其實編譯的過程我們已經在《計算機組成原理：基礎知識揭密與系統程式設計初步》一書當中介紹過了，在此我們就做個簡單的複習與歸納整理：

名稱	特徵	範例
直譯器	把程式語言一次一行地翻譯成機械碼後執行	Basic 與 Debug
編譯器	把程式語言先透過翻譯程式轉變成目的檔，接著把目的檔透過連結程式而轉變成（可）執行檔	C 語言
組譯器	組合語言專用的編譯器	NASM 與 MASM

最後，由於我們要使用組合語言與 C 語言來學習作業系統，但現在問題來了，C 語言只有一種，但我們列出的組譯器卻有兩種，那我們要使用哪一種組譯器呢？答案是兩個都可以，但如果沒特別註明的話，本書與本系列書籍只採用 NASM，理由是因為 NASM 跨平台，也就是說習慣於使用 Linux 的讀者們也可以來學習本書與本系列書籍當中的內容。

≫ 2-2 組合語言的編譯流程

當各位寫完組合語言程式碼之後，接著就要進行一連串的編譯流程，以 MASM 來說，至少會經過下列的三個流程：

Program.asm → Program.obj → Program.exe

實際範例如下圖所示：

HelloWorld.asm	2021/11/30 下午 06:44	ASM 檔案	1 KB
HelloWorld.exe	2021/11/30 下午 06:48	應用程式	3 KB
HelloWorld.obj	2021/11/30 下午 06:47	3D Object	1 KB

在本章的後面，我們將會示範如何把這三個流程給製作出來。

但話雖如此，其實組合語言從寫完程式之後的組譯開始，一直到連結、（可）執行檔的產生，這之間又可以生成許多檔案，讓我們用表來做個歸納與整理（以下順序按照英文字母的字首來排列）：

副檔名	意義	說明
asm	組合語言原始程式檔	在開發環境上所撰寫的組合語言程式碼
com	可執行命令檔	燒進 ROM 中的檔案
crf	交互參考檔案	除錯用，程式邏輯出現問題時可除錯用
exe	（可）執行檔	點下後可直接執行程式或軟體
lst	列表檔	除錯用，並提供原始程式碼以及由原始程式碼所對應到的機械碼與程式錯誤資訊

副檔名	意義	說明
map	資訊列表檔	提供程式的區段名稱、區段長度、區段的起始位址以及區段的結束位址
obj	可重定位目的檔	把原始的組合語言程式碼透過 MASM 來翻譯成不可執行的機械碼

對於上表讓我們補充兩點基本知識：

1. obj 雖然會被翻譯成不可執行的機械碼，但 obj 還是會透過連結程式（也就是 LINK）之後便會產生出（可）執行模組

2. 在 DOS 下，（可）執行檔有三種，分別是：bat 批次檔、com 命令檔以及 exe（可）執行檔

以上講的內容只是個概論而已，等後面真的透過 MASM 來編譯組合語言之時，屆時各位便可以深深地體會到上面的流程。

》 2-3 Debug 的簡介

在前面，我們一直使用 Debug 來撰寫組合語言，但卻一直沒對它來做個簡介，因此，本節在此便要對 Debug 來做個簡介。

Debug 最初是由 Tim Paterson 所編寫，並用於 x86 上的 DOS 上，最早的格式是 Debug.COM，後來才改成 Debug.EXE，其功能主要是提供組譯、反組譯並且允許使用者直接修改記憶體當中的資料（例如像 e 指令那樣）

Debug 在編寫簡單的組合語言程式碼之時非常有用，不但如此，Debug 還提供了一些基本指令，而這些基本指令操作起來都簡單易懂，例如我們在卷 1 當中所介紹過的 d 指令與 e 指令那樣，因此 Debug 對初學組合語言的初學者而言無疑是一大福音。

Debug 基本上有下列幾個指令：

指令名稱	意義
A	直接撰寫組合語言程式碼
C	比較某段記憶體與某段記憶體之內的資料
D	直接能夠觀察到某個記憶體範圍之內的資料
E	直接能夠修改某個記憶體範圍內的資料
F	把資料給填入某段記憶體位址空間裡頭去
G	執行完某段記憶體位址當中的程式碼
H	對十六進位的數字來進行相加與相減
I	I/O Port 輸入輸出資料
L	把檔案載入
M	把某段記憶體空間當中的資料給複製到另外一段記憶體空間當中
N	設定檔案名稱
O	把資料輸出到輸出 Port
P	逐行地執行程式碼，並且還會顯示出暫存器等相關資訊
Q	中途跳出對程式碼的執行，並結束 Debug
R	改變暫存器當中的數值，並且也會顯示出暫存器等相關資訊
S	找出你要的資料的所在位址
T	執行記憶體當中的一段機械碼
U	把機械碼對應一段組合語言，也就是所謂的反組譯
W	把程式給寫入磁碟片當中

但有幾個指令目前非常少用，以及請各位注意一點，Debug 只能在 16 或 32 位元上的 Windows 作業系統中使用，且無法在 64 位元上的 Windows 作業系統上使用，所以如果你的 Windows 作業系統是 64 位元的話，那建議在 64 位元的 Windows 作業系統上安裝 32 位元的 Windows 虛擬機，並且在虛擬機裡頭來執行 Debug。

Debug 雖然提供了不錯的功能，但 Debug 在撰寫大量的程式碼起來可說是非常地麻煩，因此，也才有了 NASM 與 MASM 這兩款組譯器，至少在開發環境底下來撰寫程式碼會比在 Debug 當中來撰寫程式碼還要來得輕鬆一些。

接下來我們要來討論的是，段內偏移位址也就是 IP 都是從 0100H 開始：

那為什麼是 0100H ？因為在記憶體位址 0100H 之前放置了一個被稱之為 Program Segment Prefix（簡稱為 PSP，中文翻譯為程式區段首、程式區段前導區又或者是程式區段前置）的表格，而這表格的大小總共是 256 個 Bytes（0100H），其內容則是放滿了與系統相關的資料，情況如下表所示（下表引用自維基百科，大致看一下就好了）：

偏移範圍	大小	內容
00h-01h	2 bytes (code)	CP/M-80-like exit (always contains INT 20h)
02h-03h	word (2 bytes)	Segment of the first byte beyond the memory allocated to the program
04h	byte	Reserved
05h-09h	5 bytes (code)	CP/M-80-like far call entry into DOS, and program segment size
0Ah-0Dh	dword (4 bytes)	Terminate address of previous program (old INT 22h)
0Eh-11h	dword	Break address of previous program (old INT 23h)
12h-15h	dword	Critical error address of previous program (old INT 24h)
16h-17h	word	Parent's PSP segment (usually COMMAND.COM - internal)
18h-2Bh	20 bytes	Job File Table (JFT) (internal)
2Ch-2Dh	word	Environment segment
2Eh-31h	dword	SS:SP on entry to last INT 21h call (internal)
32h-33h	word	JFT size (internal)
34h-37h	dword	Pointer to JFT (internal)
38h-3Bh	dword	Pointer to previous PSP (only used by SHARE in DOS 3.3 and later)
3Ch-3Fh	4 bytes	Reserved
40h-41h	word	DOS version to return (DOS 4 and later, alterable via SETVER in DOS 5 and later)
42h-4Fh	14 bytes	Reserved
50h-52h	3 bytes (code)	Unix-like far call entry into DOS (always contains INT 21h + RETF)
53h-54h	2 bytes	Reserved
55h-5Bh	7 bytes	Reserved (can be used to make first FCB into an extended FCB)
5Ch-6Bh	16 bytes	Unopened Standard FCB 1
6Ch-7Fh	20 bytes	Unopened Standard FCB 2 (overwritten if FCB 1 is opened)

偏移範圍	大小	內容
80h	1 byte	Number of bytes on command-line
81h-FFh	127 bytes	Command-line tail (terminated by a 0Dh)

以圖來表示的話則是：

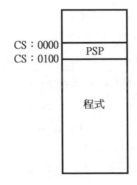

以上是直接在 Debug 當中來撰寫組合語言的情況，接下來我們要來看另外一種情況，那是對執行檔來進行 Debug，此時 PSP 與程式的關係圖如下所示：

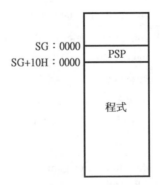

上圖中，當程式被載入進記憶體之後，會先找一段起始位址，例如 SG：0000，找到後在 SG：0000 的後面放置 256 個 Bytes 的 PSP，接著把程式給放進 PSP 的後面也就是從 (SG+10H)：0000 的地方來開始放置程式，至於為什麼是 (SG+10H)：0000，原因如下：

SGx16+0000+256（0100H）= SGx16+16x16 = (SG+16)x16+0000 = (SG+10H)：0000

接下來把段基礎位址給存入 DS 暫存器當中，最後設置 CS 與 IP 的值，此時的 CS 與 IP 便會指向程式的最開始處。

讓我們來舉個例子，假設在 C:\masm32\bin 當中有一個名為 editbin.exe 的執行檔：

現在，我們要透過 Debug 來觀察 DS 暫存器當中的內容：

現在各位可以發現到，DS 暫存器裡頭的資料是 0B94，所以 PSP 就位於 0B94：0000，而這時候的 CS 與 IP 便是 (SG+10H)：0000 = (0B94+10H)：0000 = 0BA4：0000。

最後如果你對上面的內容不是很了解的話，那就用簡單的方式來思考，也就是說當程式被載入記憶體當中之時，DOS 會建立好 PSP，接著 DOS 把控制權交給程式，而程式讀取 PSP 當中的資料。

本節引用出處：

https://en.wikipedia.org/wiki/Program_Segment_Prefix

⧽ 2-4 下載 NASM

講完了 Debug 之後，我想各位也應該都能夠深深地體會到，使用 Debug 來撰寫組合語言程式碼實在是一件非常麻煩的事情，因此，從本節開始，我們將要使用組譯器 NASM 以及 MASM 來撰寫組合語言程式碼。

當然啦！要使用 NASM 以及 MASM 這兩款組譯器之前都必須得到網路上下載這兩款組譯器，而在下載完之後還要安裝與設定，最後我們才可以來撰寫組合語言程式碼。

好了，話不多說，現在就讓我們來下載 NASM 吧！步驟如下：

Step 01 ：打開瀏覽器：

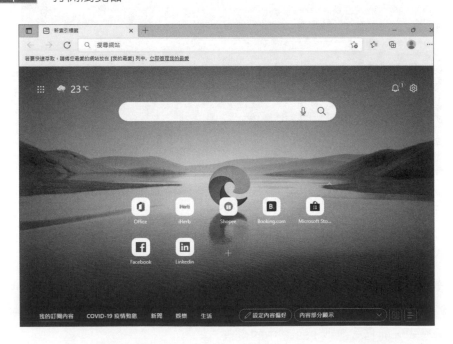

Step 02 ：在搜尋欄的地方寫上 NASM wiki：

Step 03 ：來到搜尋結果：

Step 04 ：點選搜尋結果：

：進入搜尋結果：

Netwide Assembler

From Wikipedia, the free encyclopedia

This article **relies too much on references to primary sources**. Please improve this by adding secondary or tertiary sources. *(February 2012) (Learn how and when to remove this template message)*

The **Netwide Assembler** (**NASM**) is an assembler and disassembler for the Intel x86 architecture. It can be used to write 16-bit, 32-bit (IA-32) and 64-bit (x86-64) programs. NASM is considered to be one of the most popular assemblers for Linux.[2]

NASM was originally written by Simon Tatham with assistance from Julian Hall. As of 2016, it is maintained by a small team led by H. Peter Anvin.[3] It is open-source software released under the terms of a simplified (2-clause) BSD license.[4]

Contents [hide]
1 Features
2 Sample programs
3 Linking

Netwide Assembler

Original author(s)	Simon Tatham, Julian Hall
Developer(s)	H. Peter Anvin, et al.
Initial release	October 1996; 25 years ago
Stable release	2.15.05 / 28 August 2020; 15 months ago
Repository	github.com/netwide-

 ：請把網頁往下拉，接著便會看到網址：

This article **relies too much on references to primary sources**. Please improve this by adding secondary or tertiary sources. *(February 2012) (Learn how and when to remove this template message)*

The **Netwide Assembler** (**NASM**) is an assembler and disassembler for the Intel x86 architecture. It can be used to write 16-bit, 32-bit (IA-32) and 64-bit (x86-64) programs. NASM is considered to be one of the most popular assemblers for Linux.[2]

NASM was originally written by Simon Tatham with assistance from Julian Hall. As of 2016, it is maintained by a small team led by H. Peter Anvin.[3] It is open-source software released under the terms of a simplified (2-clause) BSD license.[4]

Contents [hide]
1 Features
2 Sample programs
3 Linking
4 Development
   4.1 RDOFF
5 See also
6 References
7 Further reading
8 External links

Netwide Assembler

Original author(s)	Simon Tatham, Julian Hall
Developer(s)	H. Peter Anvin, et al.
Initial release	October 1996; 25 years ago
Stable release	2.15.05 / 28 August 2020; 15 months ago
Repository	github.com/netwide-assembler/nasm
Written in	Assembly, C[1]
Operating system	Unix-like, Windows, OS/2, MS-DOS
Available in	English
Type	x86 assembler
License	BSD 2-clause
Website	www.nasm.us

Features [edit]

NASM can output several binary formats, including COFF, OMF, a.out, Executable and Linkable Format (ELF), Mach-O and binary file (.bin, binary disk image, used to compile operating systems), though position-independent code is supported only

Step 07 ：請點選網址：

This article **relies too much on references to primary sources**. Please improve this by adding secondary or tertiary sources. *(February 2012)* *(Learn how and when to remove this template message)*

The **Netwide Assembler** (**NASM**) is an assembler and disassembler for the Intel x86 architecture. It can be used to write 16-bit, 32-bit (IA-32) and 64-bit (x86-64) programs. NASM is considered to be one of the most popular assemblers for Linux.[2]

NASM was originally written by Simon Tatham with assistance from Julian Hall. As of 2016, it is maintained by a small team led by H. Peter Anvin.[3] It is open-source software released under the terms of a simplified (2-clause) BSD license.[4]

Contents [hide]
1 Features
2 Sample programs
3 Linking
4 Development
    4.1 RDOFF
5 See also
6 References
7 Further reading
8 External links

Features [edit]

NASM can output several binary formats, including COFF, OMF, a.out, Executable and Linkable Format (ELF), Mach-O and binary file (.bin, binary disk image, used to compile operating systems), though position-independent code is supported only

Netwide Assembler

Original author(s)	Simon Tatham, Julian Hall
Developer(s)	H. Peter Anvin, et al.
Initial release	October 1996; 25 years ago
Stable release	2.15.05 / 28 August 2020; 15 months ago
Repository	github.com/netwide-assembler/nasm
Written in	Assembly, C[1]
Operating system	Unix-like, Windows, OS/2, MS-DOS
Available in	English
Type	x86 assembler
License	BSD 2-clause
Website	www.nasm.us

Step 08 ：進入網站：

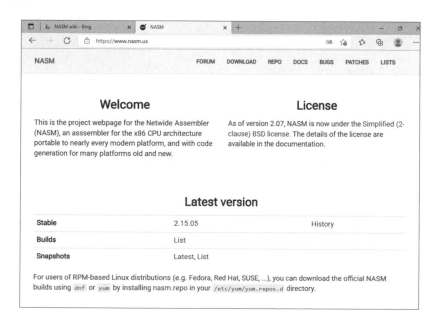

Welcome

This is the project webpage for the Netwide Assembler (NASM), an asssembler for the x86 CPU architecture portable to nearly every modern platform, and with code generation for many platforms old and new.

License

As of version 2.07, NASM is now under the Simplified (2-clause) BSD license. The details of the license are available in the documentation.

Latest version

Stable	2.15.05	History
Builds	List	
Snapshots	Latest, List	

For users of RPM-based Linux distributions (e.g. Fedora, Red Hat, SUSE, ...), you can download the official NASM builds using `dnf` or `yum` by installing nasm.repo in your `/etc/yum/yum.repos.d` directory.

Step 09 ：點選 DOWNLOAD：

FORUM · **DOWNLOAD** · REPO · DOCS · BUGS · PATCHES · LISTS

Step 10 ：進入 DOWNLOAD：

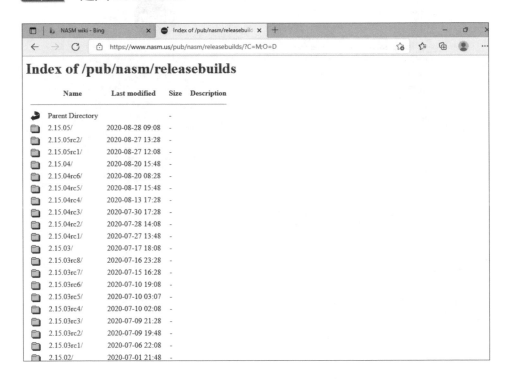

Step 11 ：把網頁往下拉，接著會看到 2.09.08/ 的版本：

2.09.08/   2011-04-06 08:28

找到後請用滑鼠點下 2.09.08/。

Step 12：進入 2.09.08/：

Index of /pub/nasm/releasebuilds/2.09.08

	Name	Last modified	Size	Description
	Parent Directory		-	
	doc/	2011-04-06 08:25	-	Online documentation
	dos/	2011-04-06 08:28	-	MS-DOS executables
	linux/	2017-04-24 01:13	-	Linux packages
	macosx/	2011-04-06 08:28	-	MacOS X packages
	os2/	2011-04-06 08:28	-	
	win32/	2011-04-06 08:28	-	Windows packages (32 bit)
	git.id	2011-04-06 08:28	41	Corresponding git revision ID
	nasm-2.09.08-xdoc.tar.bz2	2011-04-06 08:25	816K	Downloadable documentation
	nasm-2.09.08-xdoc.tar.gz	2011-04-06 08:25	1.0M	Downloadable documentation
	nasm-2.09.08-xdoc.zip	2011-04-06 08:25	1.0M	Downloadable documentation
	nasm-2.09.08.tar.bz2	2011-04-06 08:24	784K	Source code
	nasm-2.09.08.tar.gz	2011-04-06 08:24	1.0M	Source code
	nasm-2.09.08.zip	2011-04-06 08:24	1.1M	Source code

Browse source code for this build

Step 13：點選 win32/：

Index of /pub/nasm/releasebuilds/2.09.08

	Name	Last modified	Size	Description
	Parent Directory		-	
	doc/	2011-04-06 08:25	-	Online documentation
	dos/	2011-04-06 08:28	-	MS-DOS executables
	linux/	2017-04-24 01:13	-	Linux packages
	macosx/	2011-04-06 08:28	-	MacOS X packages
	os2/	2011-04-06 08:28	-	
	win32/	2011-04-06 08:28	-	Windows packages (32 bit)
	git.id	2011-04-06 08:28	41	Corresponding git revision ID
	nasm-2.09.08-xdoc.tar.bz2	2011-04-06 08:25	816K	Downloadable documentation
	nasm-2.09.08-xdoc.tar.gz	2011-04-06 08:25	1.0M	Downloadable documentation
	nasm-2.09.08-xdoc.zip	2011-04-06 08:25	1.0M	Downloadable documentation
	nasm-2.09.08.tar.bz2	2011-04-06 08:24	784K	Source code
	nasm-2.09.08.tar.gz	2011-04-06 08:24	1.0M	Source code
	nasm-2.09.08.zip	2011-04-06 08:24	1.1M	Source code

Browse source code for this build

Step 14 ：進入 win32/：

Index of /pub/nasm/releasebuilds/2.09.08/win32

Name	Last modified	Size	Description
Parent Directory		-	
nasm-2.09.08-installer.exe	2011-04-06 08:27	721K	
nasm-2.09.08-win32.zip	2011-04-06 08:27	467K	Executable only

最後請各位自行點選下面這兩個檔案：

點選後即自動下載。

≫ 2-5 安裝 NASM

講完了下載 NASM 之後，接下來是安裝，首先。

Step 01 ：來到工具列的地方：

Step 02 ：點選檔案總管：

Step 03 ：進入檔案總管：

Step 04 ：點選本機旁邊的箭頭：

Step 05 ：展開本機：

Step 06 ：點選下載：

Step 07 ：此時會看到已經下載的檔案：

名稱 ^	修改日期	類型	大小
W nasm-2.09.08-installer	2021/11/30 下午 ...	應用程式	721 KB
nasm-2.09.08-win32	2021/11/30 下午 ...	壓縮的 (zipped) ...	467 KB

Step 08 ：點選 installer：

名稱 ^	修改日期	類型	大小
W nasm-2.09.08-installer	2021/11/30 下午 ...	應用程式	721 KB
nasm-2.09.08-win32	2021/11/30 下午 ...	壓縮的 (zipped) ...	467 KB

Step 09 ：開始安裝：

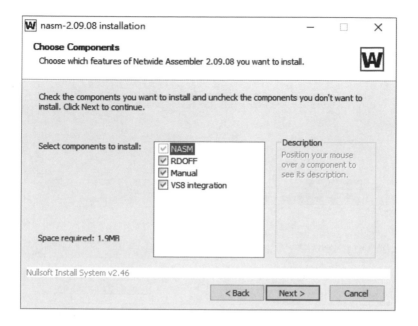

Step 10 ：點選 Next：

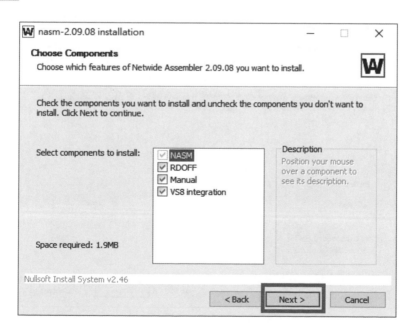

Step 11 ：來到安裝的位置：

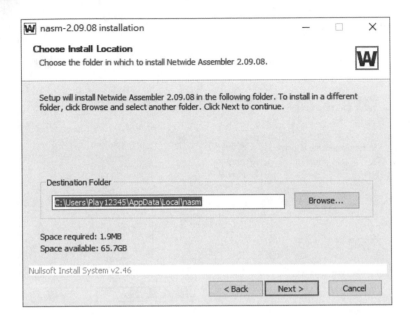

Step 12 ：在此我修改成 C:\nasm：

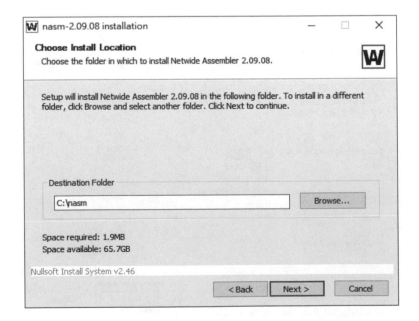

Step 13 ：點選 Next：

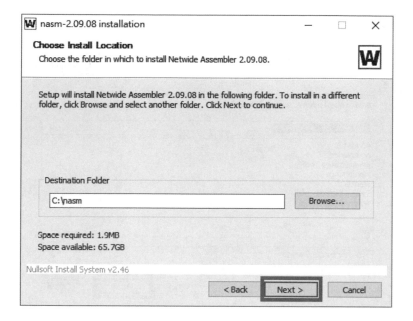

Step 14 ：繼續執行：

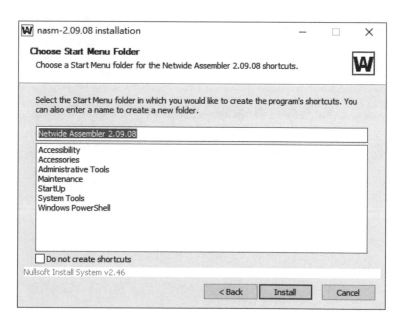

Step 15 ：點選 Install：

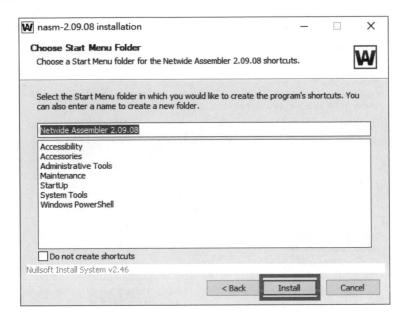

Step 16 ：安裝中：

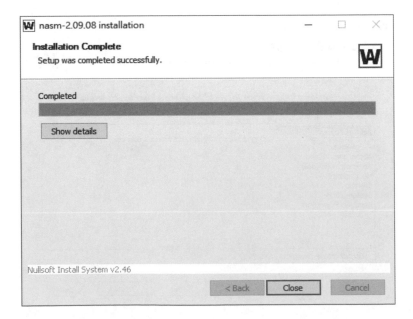

Step 17 ：安裝結束，請點選 Close：

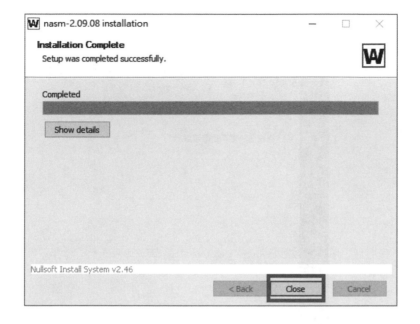

≫ 2-6 環境變數設定

講完了安裝 NASM 之後，接下來是對環境變數的設定，首先。

Step 01 ：來到工具列：

Step 02 ：點選放大鏡：

Step 03 ：在搜尋欄的地方寫上「環境變數」：

Step 04 ：點選「編輯系統環境變數」：

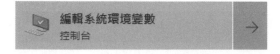

Step 05 ：來到系統內容：

Step 06 ：點選環境變數 (N)⋯：

Step 07 ：來到環境變數：

Step 08 ：點選 Path：

Step 09 ：來到編輯環境變數：

Step 10 ：用滑鼠來點選框起來的地方：

Step 11 ：在最後面的地方寫上「; C:\nasm」：

編輯環境變數 ✕

6USERPROFILE%\AppData\Local\Microsoft\WindowsApps;C:\nasm   新增(N)

Step 12 ：寫完後檢查：

Step 13 ：按下確定：

Step 14 ：跳回環境變數：

Step 15 ：按下確定：

Step 16：跳回系統內容：

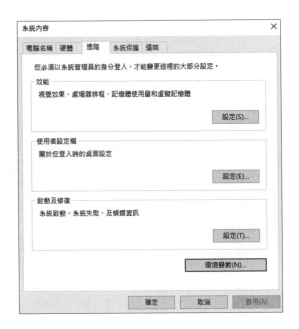

Step 17：按下確定：

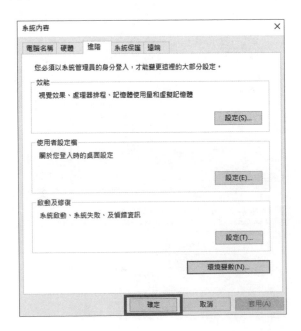

≫ 2-7 用 NASM 來撰寫組合語言

講完了對環境變數的設定之後，接下來就是要撰寫組合語言程式碼，首先。

Step 01 ：來到桌面：

Step 02 ：按下滑鼠右鍵→新增→文字文件：

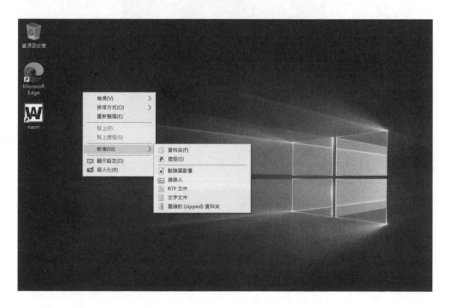

Step 03：已經新增一個文字文件：

Step 04：更改文字文件的名稱為 HelloWorld：

Step 05：文字文件的名稱已經更改完畢：

Step 06：在文字文件 HelloWorld 當中寫上組合語言程式碼：

Step 07：寫完之後點選檔案→另存新檔：

Step 08：來到儲存檔案的地方：

Step 09：點選本機磁碟 (C:)：

Step 10：來到本機磁碟 (C:)：

Step 11 ：點選 nasm：

Step 12 ：來到 nasm：

Step 13 ：點選箭頭→所有檔案：

Step 14 ：在檔案名稱 HelloWorld 的地方寫上「.asm」：

Step 05 ：點選存檔 (S)：

Step 16 ：叫出 cmd：

```
命令提示字元

Microsoft Windows [版本 10.0.17763.1935]
(c) 2018 Microsoft Corporation. 著作權所有，並保留一切權利。

C:\Users\Play12345>
```

Step 17 ：寫上 cd\：

```
命令提示字元

Microsoft Windows [版本 10.0.17763.1935]
(c) 2018 Microsoft Corporation. 著作權所有，並保留一切權利。

C:\Users\Play12345>cd\
```

Step 18：按下鍵盤上的 Enter：

```
CM.  命令提示字元
Microsoft Windows [版本 10.0.17763.1935]
(c) 2018 Microsoft Corporation. 著作權所有，並保留一切權利。

C:\Users\Play12345>cd\

C:\>
```

Step 19：寫上 cd nasm：

```
CM.  命令提示字元
Microsoft Windows [版本 10.0.17763.1935]
(c) 2018 Microsoft Corporation. 著作權所有，並保留一切權利。

C:\Users\Play12345>cd\

C:\>cd nasm
```

Step 20：按下鍵盤上的 Enter：

```
CM.  命令提示字元
Microsoft Windows [版本 10.0.17763.1935]
(c) 2018 Microsoft Corporation. 著作權所有，並保留一切權利。

C:\Users\Play12345>cd\

C:\>cd nasm

C:\nasm>
```

Step 21：寫上「nasm HelloWorld.asm –o pp.exe」：

```
CM.  命令提示字元
Microsoft Windows [版本 10.0.17763.1935]
(c) 2018 Microsoft Corporation. 著作權所有，並保留一切權利。

C:\Users\Play12345>cd\

C:\>cd nasm

C:\nasm>nasm HelloWorld.asm -o pp.exe
```

Step 22：按下鍵盤上的 Enter：

```
■■ 命令提示字元
Microsoft Windows [版本 10.0.17763.1935]
(c) 2018 Microsoft Corporation. 著作權所有，並保留一切權利。

C:\Users\Play12345>cd\

C:\>cd nasm

C:\nasm>nasm HelloWorld.asm -o pp.exe

C:\nasm>
```

Step 23：寫上 pp.exe：

```
■■ 命令提示字元
Microsoft Windows [版本 10.0.17763.1935]
(c) 2018 Microsoft Corporation. 著作權所有，並保留一切權利。

C:\Users\Play12345>cd\

C:\>cd nasm

C:\nasm>nasm HelloWorld.asm -o pp.exe

C:\nasm>pp.exe
```

Step 24：按下鍵盤上的 Enter：

```
■■ 命令提示字元
Microsoft Windows [版版本本 10.0.17763.1935]
(c) 2018 Microsoft Corporation. 著著作作權權所所有有，，並並保保留留一一切切權權利利。。

C:\Users\Play12345>cd\

C:\>cd nasm

C:\nasm>nasm HelloWorld.asm -o pp.exe

C:\nasm>pp.exe
Hello NASM

C:\nasm>
```

此時便會出現 Hello NASM 等字樣出來。

以上就是對 NASM 來進行下載、安裝、設定與撰寫組合語言的流程，接下來我們要來對另一款組譯器 MASM 來進行下載、安裝、設定與撰寫組合語言。

≫ 2-8 下載與安裝 MASM

前面，我們已經介紹過了如何使用組譯器 NASM 來撰寫組合語言程式碼，而從本節開始，我們要來介紹的是組譯器 MASM，而對 MASM 的下載、安裝、設定與撰寫組合語言程式碼等流程則是與前面類似，首先是。

Step 01：在瀏覽器上寫上 MASM：

Step 02：按下鍵盤上的 Enter：

Step 03 ：來到搜尋結果，並點選 MASM32 SDK：

MASM32 SDK

https://www.masm32.com ▾

MASM is routinely capable of building complete executable files, dynamic link libraries and separate object modules and libraries to use with the Microsoft Visual C development environment as well as

Step 04 ：進入 MASM32 SDK：

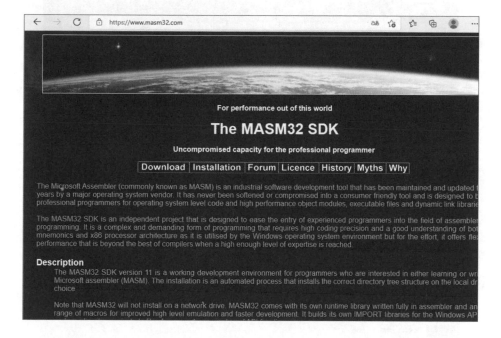

Step 05 ：點選 Download：

Step 06 ：來到 Download 畫面：

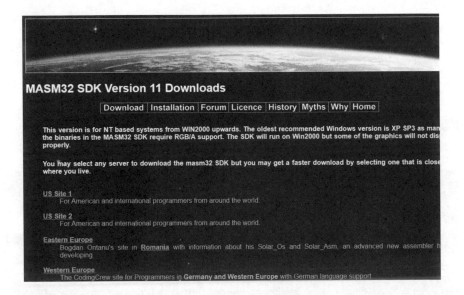

Step 07 ：點選 US Site 2：

Step 08 ：下載 masm32v11r：

Step 09 ：用滑鼠左鍵點選 masm32v11r，接著按下滑鼠右鍵→解壓縮全部：

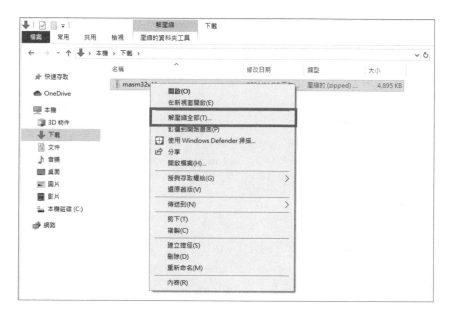

Step 10 ：選擇解完壓縮後的位置：

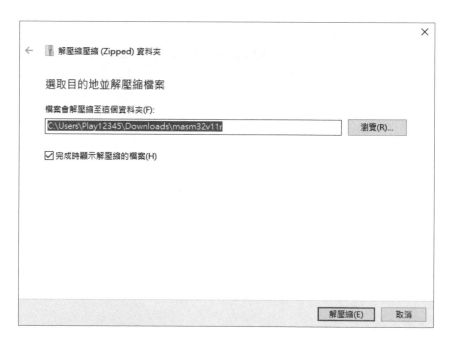

Step 11 ：選完後點選解壓縮 (E)：

Step 12 ：解完壓縮：

Step 13 ：點選 install：

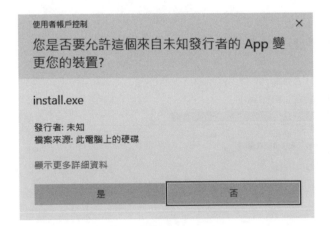

Step 14 ：詢問是否變更：

使用者帳戶控制	✕

您是否要允許這個來自未知發行者的 App 變更您的裝置?

install.exe

發行者: 未知
檔案來源: 此電腦上的硬碟

顯示更多詳細資料

是	否

Step 15 ：點選是：

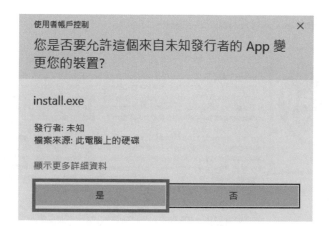

Step 16 ：出現安裝畫面：

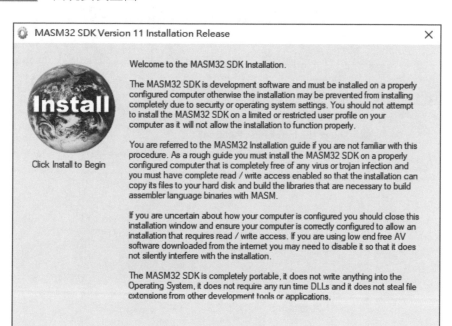

Step 17 ：點選 Install：

Step 18 ：出現 Installation Partition：

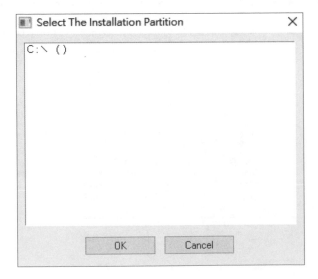

Step 19 ：點選 C 槽：

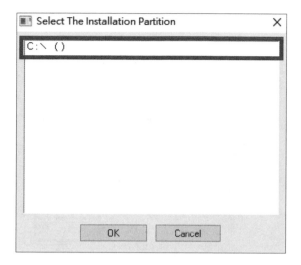

Step 20 ：C 槽點選完畢：

Step 21 ：點選 OK：

Step 22 ：以下為出現相關詢問，一直點確定即可：

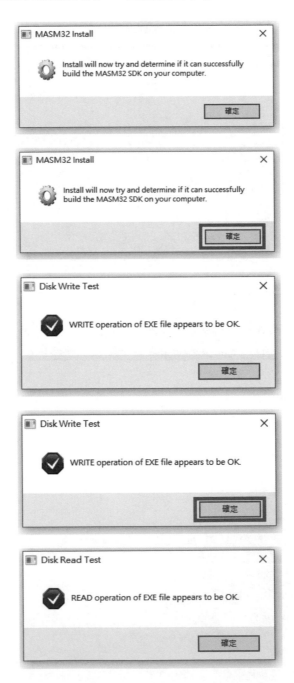

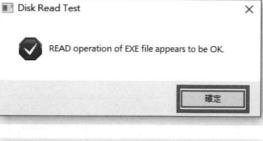

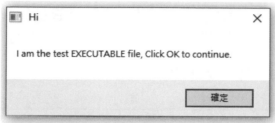

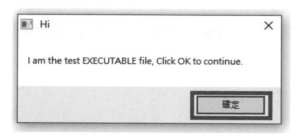

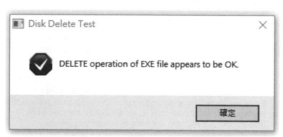

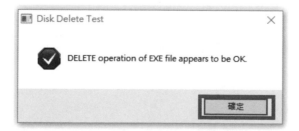

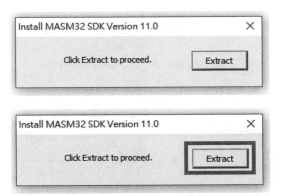

Step 23：MASM32 正安裝到硬碟中：

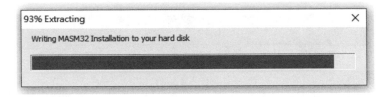

Step 24：詢問建立 Libraies：

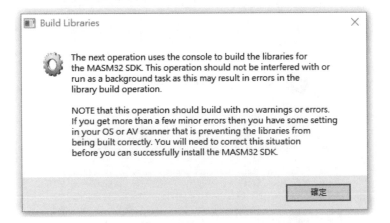

Step 25 ：點選確定：

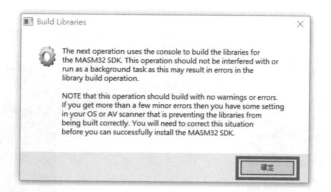

Step 26 ：安裝開始執行：

```
C:\Windows\system32\cmd.exe

    Creating library batmeter.lib and object batmeter.exp
Microsoft (R) Macro Assembler Version 6.14.8444
Copyright (C) Microsoft Corp 1981-1997.  All rights reserved.

 Assembling: battc.asm
Microsoft (R) Incremental Linker Version 5.12.8078
Copyright (C) Microsoft Corp 1992-1998. All rights reserved.

    Creating library battc.lib and object battc.exp
Microsoft (R) Macro Assembler Version 6.14.8444
Copyright (C) Microsoft Corp 1981-1997.  All rights reserved.

 Assembling: bdasup.asm
Microsoft (R) Incremental Linker Version 5.12.8078
Copyright (C) Microsoft Corp 1992-1998. All rights reserved.

    Creating library bdasup.lib and object bdasup.exp
Microsoft (R) Macro Assembler Version 6.14.8444
Copyright (C) Microsoft Corp 1981-1997.  All rights reserved.

 Assembling: bhsupp.asm
Microsoft (R) Incremental Linker Version 5.12.8078
Copyright (C) Microsoft Corp 1992-1998. All rights reserved.

    Creating library bhsupp.lib and object bhsupp.exp
Microsoft (R) Macro Assembler Version 6.14.8444
Copyright (C) Microsoft Corp 1981-1997.  All rights reserved.

 Assembling: bignumsdk.asm
Microsoft (R) Incremental Linker Version 5.12.8078
Copyright (C) Microsoft Corp 1992-1998. All rights reserved.

    Creating library bignumsdk.lib and object bignumsdk.exp
Microsoft (R) Macro Assembler Version 6.14.8444
Copyright (C) Microsoft Corp 1981-1997.  All rights reserved.

 Assembling: cabinet.asm
Microsoft (R) Incremental Linker Version 5.12.8078
Copyright (C) Microsoft Corp 1992-1998. All rights reserved.

    Creating library cabinet.lib and object cabinet.exp
```

Step 27 ：安裝成功：

按下鍵盤上的 Enter 鍵。

Step 28 ：之後會開始出現一堆詢問，一直按下確定、Yes 與 OK 即可：

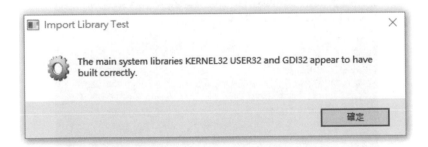

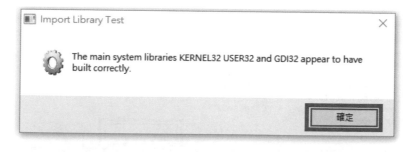

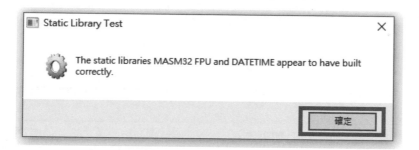

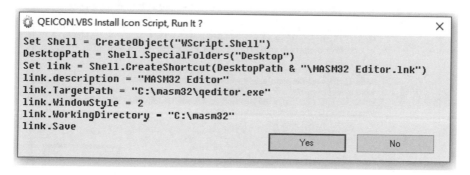

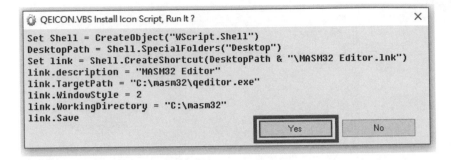

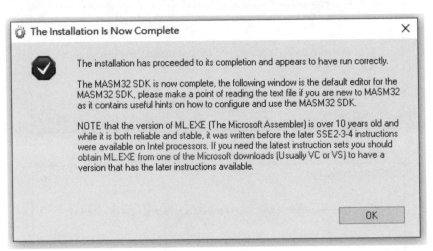

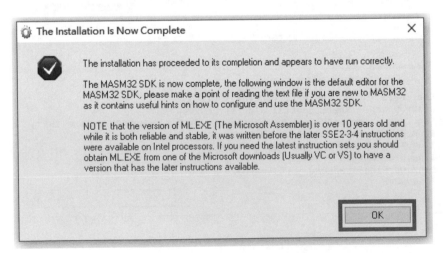

Step 29 ：最後出現撰寫程式的畫面：

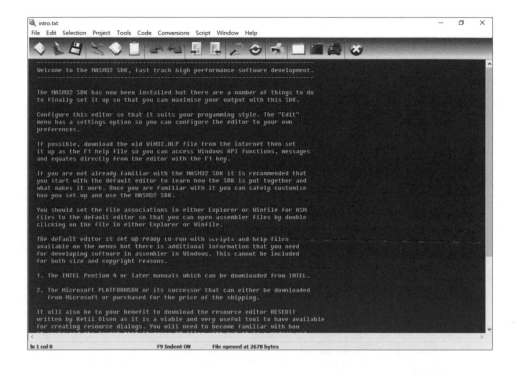

2-9 用 MASM 來撰寫組合語言

經過了前面的步驟之後，接下來我們要使用組譯器 MASM 來開始撰寫組合
語言程式碼。

Step 01：在桌上面新增一個文字文件夾，並且在裡頭寫上程式碼：

```
HelloWorld.asm - 記事本
檔案(F)   編輯(E)   格式(O)   檢視(V)   說明(H)
.386
.model flat,stdcall
option casemap:none

include    C:\masm32\include\windows.inc
include    C:\masm32\include\user32.inc
includelib C:\masm32\lib\user32.lib
include    C:\masm32\include\kernel32.inc
includelib C:\masm32\lib\kernel32.lib

.data

szWords db 'Hello MASM',0

.code

start:

        invoke MessageBox,NULL,offset szWords,NULL,MB_OK
        invoke ExitProcess,NULL

end start
```

Step 02：點選檔案→另存新檔→本機磁碟 (C) → masm32：

Step 03 ：點選 bin：

Step 04 ：點選存檔 (S)，注意，檔案名稱的後面要寫上「.asm」：

Step 05 ：來到環境變數的地方來新增路徑：

Step 06 ：開始編譯與連結程式：

在上圖中有兩個很重要的步驟，分別是：

命令與內容	意義
ml –c –coff HelloWorld.asm	製作 .obj 檔
link –subsystem:windows HelloWorld.obj	把 .obj 檔給製作成（可）執行檔

Step 07 ：編譯與連結成功，最後輸入執行檔的檔明後按下鍵盤上的 Enter 鍵
即可：

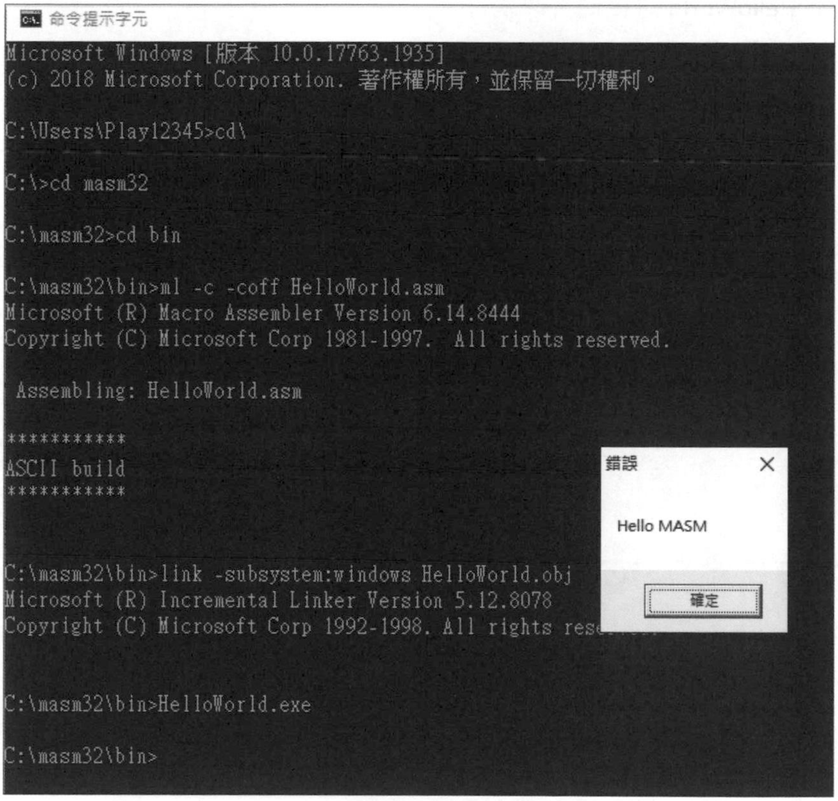

或者是你也可以在 C:\nasm32\bin 裡頭找到執行檔：

按兩下 HelloWorld 之後便可以執行：

03

Chapter

8086 CPU 的最後衝刺

≫ 3-1 組合語言指令的基本格式

在前面，我們曾經講過了組合語言的幾個寫法，不過那時候我們並沒有對其來做個簡單的介紹，在此，我們要來做個簡介。

以下面這個範例來說：

指令（操作碼）	暫存器（目的運算元）	立即數（來源運算元）
mov	ax	123

指令後面會跟著目的運算元與來源運算元，在此請各位注意一點，由於來源運算元為數字，而這數字我們又稱之為立即數，立即數不在暫存器與存放資料的記憶體區段當中，而是直接存在於組合語言的指令當中，而上面的範例程式碼也可以用如下的方式來表示：

指令（操作碼）	暫存器（目的運算元）	立即數（來源運算元）
mov	ax	immed16

如果暫存器是 8 位元，例如 al 的話，那寫法就會如下所示：

指令（操作碼）	暫存器（目的運算元）	立即數（來源運算元）
mov	al	immed8

另外像是下面範例當中的數字 21H 也屬於立即數：

指令	立即數
int	21H

要注意的是，立即數不能成為目的運算元。

在有的參考資料裡，指令（操作碼）、目的運算元與來源運算元又可以被稱之為操作符、目的操作數以及來源操作數：

操作符	暫存器（目的操作數）	立即數（來源操作數）
mov	ax	123

操作數是指令執行時，操作的主要來源。

以上舉的例子僅止於對立即數的表示，接下來我們要來看的是對暫存器與記憶體的表示，以 movsx 為例，其表達方式為：

指令（操作碼）	目的運算元	來源運算元
movsx	r16	r/m8

當中的 r 表示為暫存器 register，而 m 就表示為記憶體 memory，而 r/m8 的意思就是指暫存器 register 又或者是記憶體 memory 為 8 位元的意思，r/m16 的意思就是指暫存器 register 又或者是記憶體 memory 為 16 位元的意思，而 r/m32 的意思就是指暫存器 register 又或者是記憶體 memory 為 32 位元的意思，後續若有更高的位元，那就依此類推。

最後提醒大家的是，組合語言在設計上已經比用 0 與 1 來寫程式還要更來得直觀，例如以指令 mov 來說，那就是英文單字 move 的意思，也就是說，使用像是具有類似英文單字意義的組合語言指令總比你直接用 0 與 1 來寫程式還要來得更直觀，因此，這也促成了組合語言的誕生。

≫ 3-2 中斷的基本原理

以前，我們曾經講過中斷，在此，讓我們對中斷來複習一下，之後就直接進入中斷這個主題。

假設你現在正在閱讀一本書並且閱讀到第 16 頁第 3 段第 6 行當中的第 5 個字，這時候你媽突然間跟你說，去幫我買瓶醬油回來，此時你便會拿個標籤夾在書裡頭的第 16 頁，接著把「標籤第 16 頁第 3 段第 6 行第 5 個字」等這些資訊給依序地放入盒子裡頭去存放，情況像這樣：

第5個字
第6行
第3段
第16頁
標籤

接著你看了看買醬油這件事情，買醬油這件事情被編上了個號碼，例如 3 號，而看片片是 4 號，後續以此類推，每一個號碼會對應到一組編號（簡稱為第一組編號），而第一組編號裡頭又會有另外一組編號（簡稱為第二組編號），而第二組編號則是會對應到做事內容，做事內容裡頭會告訴你事情要怎麼做，以買醬油的例子來說的話，就是「去超商裡頭買醬油，結帳時別忘了還要出示會員卡」的這件事情。

第一組編號主要是由 CS 編號與 IP 編號所共同組合而成，而這兩個編號組合在一起，就是做事編號，例如下圖中的 0000：000C，而做事編號裡頭又會有另外一組 CS 編號與 IP 編號，而這組編號則是會合成第二組編號，例如下圖當中的 0456：0123，圖示如下所示：

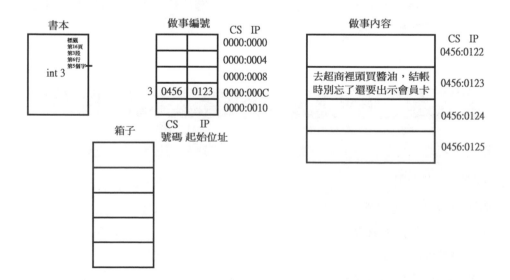

當你把書給讀到第 16 頁第 3 段第 6 行當中的第 5 個字之時，突如其來的買醬油事件處理順序如下。

1. 把相關資訊給丟進箱子裡頭去：

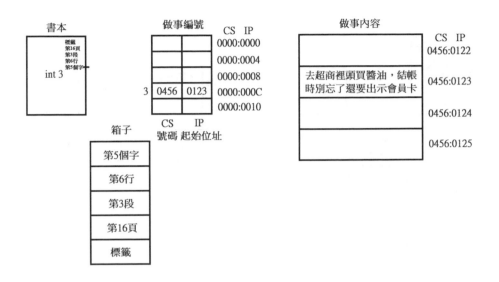

2. 從號碼出發，並且找到做事編號 0000：000C：

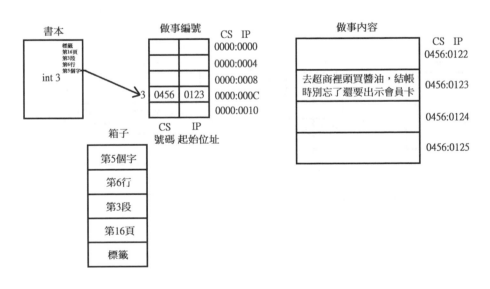

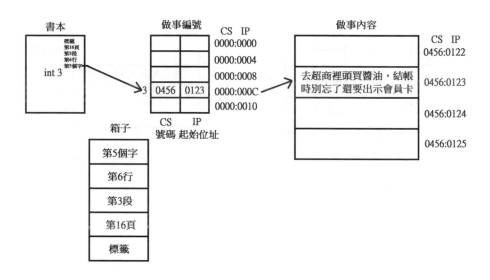 從做事編號裡頭找出 CS 與 IP 的值，而這兩個值會組合成另一組編號 0456：0123。

3. 從做事編號 0000：000C 出發，去找尋做事內容的編號 0456：0123：

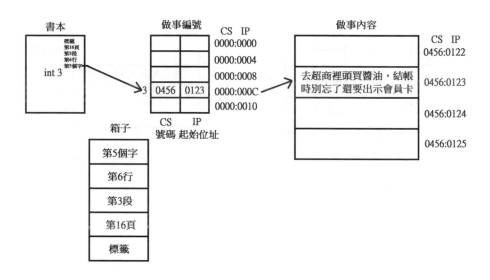

請注意，做事內容的編號裡頭會有做事內容。

4. 事情做完之後回到箱子：

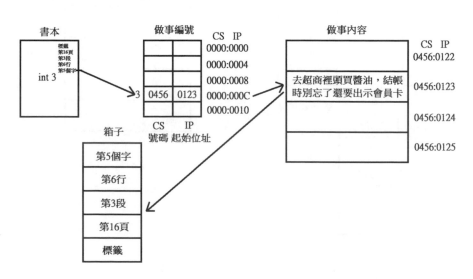

5. 把箱子當中的訊息依序地從最頂端當中給拿出來：

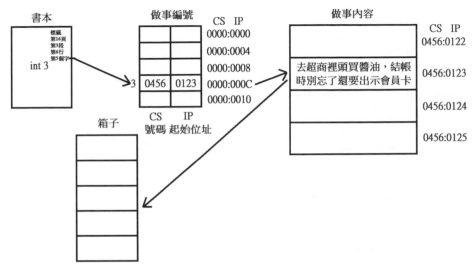

標籤第16頁第3段第6行第5個字

而拿出來的順序是第 5 個字、第 6 行、第 3 段、第 16 頁以及標籤，而把這些內容給組合起來的話就是「標籤第 16 頁第 3 段第 6 行第 5 個字」，接著你就從「標籤第 16 頁第 3 段第 6 行第 5 個字」這邊來繼續閱讀起這樣就可以了。

注意，剛開始在丟進去之時的順序是標籤、第 16 頁、第 3 段、第 6 行以及第 5 個字，順序不一樣請各位注意一下。

6. 從「標籤第 16 頁第 3 段第 6 行第 5 個字」這邊來繼續閱讀起：

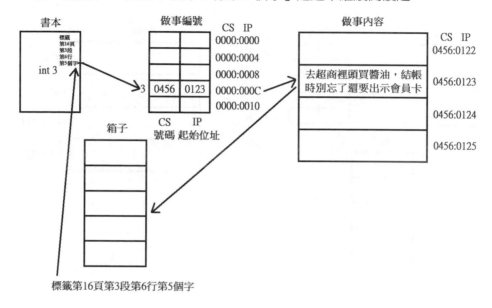

標籤第16頁第3段第6行第5個字

上面的內容告訴我們，就算你正在閱讀一本書，此時若是在閱讀的過程中被打斷而去買醬油的話，等你買完醬油回來後，你一樣也可以從你剛剛被打斷的地方來重新繼續往下閱讀起，以上我只是以買醬油為例子，如果你是被叫去看片片的話，那這例子也適用。

好，讓我們回到我們的電腦，在上面的例子當中：

故事名詞	專有名詞
做事編號	中斷向量表
做事內容	中斷服務程式

對 8086 CPU 來說，中斷向量表的位址被放置在 0000 到 003F 的地方，但是各位要注意的是，每一個位址裡頭放置 4 個 Bytes 的資料，所以編號要乘上 4 才是中斷服務程式所顯示的位址，讓我們進入 debug 之內來觀察：

```
命令提示字元 - debug                                            —  □  ×
Microsoft Windows [???? 10.0.17763.1935]935]
(c) 2018 Microsoft Corporation. ??????????,,???????????????保保留留一一切切權權檔

C:\Users\Play12345>cd\

C:\>debug
-a
0B1D:0100 int 10H
0B1D:0102
-t

AX=0000  BX=0000  CX=0000  DX=0000  SP=FFE8  BP=0000  SI=0000  DI=0000
DS=0B1D  ES=0B1D  SS=0B1D  CS=020A  IP=08BD    NV UP DI PL NZ NA PO NC
020A:08BD 2E            CS:
020A:08BE 803EBB0802    CMP     BYTE PTR [08BB],02               CS:08BB=00
-d 0000:0040 0050
0000:0040  BD 08 0A 02 E4 09 0A 02-EA 09 0A 02 5D 04 0A 02  ............]...
0000:0050  F0
-
```

在上面的內容中，我們以 10H 號中斷為例，10H 乘上 4 就是 40H，我們在中斷向量表 0000:0040 到 0000:0050 當中可以發現到，編號 10H 的中斷服務程式的地方就是 0000:0040 到 0000:0043 之間的資料也就是：

```
-d 0000:0040 0050
0000:0040  BD 08 0A 02
```

其中：

暫存器	位址	資料
IP	0000:0040	BD
	0000:0041	08
CS	0000:0042	0A
	0000:0043	02

也就是這裡：

```
020A:08BD 2E            CS:
020A:08BE 803EBB0802    CMP     BYTE PTR [08BB],02               CS:08BB=00
```

圖示如下所示：

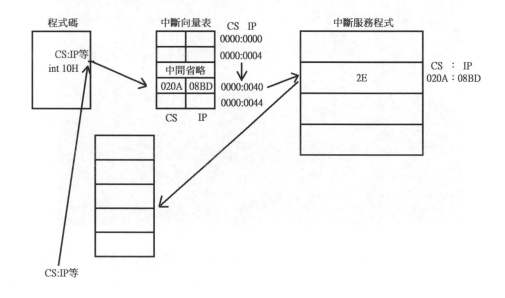

以上就是中斷的大致流程與原理。

≫ 3-3 中斷的原因與種類

前面，我們已經大概地了解了中斷的基本原理，那現在問題來了，為什麼要有中斷？以及中斷的種類有哪些？

中斷，它其實一直發生在我們的日常生活中，例如前面所講過的買醬油就是中斷的一個例子，而對電腦而言，中斷其實也是在你不知不覺的情況底下一直在發生，我舉個例子，例如你對鍵盤輸入 A 這個字母之時，中斷就會立刻發生，像這種中斷，就是屬於硬體方面的中斷。

原則上，中斷至少有三種，以下就是：

中斷種類	原因	範例
硬體中斷	外部	1. 外部設備所引起，例如敲擊鍵盤輸入字母所引起的中斷 2.NMI 不可遮沒中斷
軟體中斷	軟體	1. 由 BIOS 所引起的中斷 2. 由作業系統所引起的中斷 3. 由副程式所引起的中斷
CPU 中斷	CPU 內部	程式中出現除以 0 之時所引起的中斷

在此補充兩點：

- NMI 不可遮沒中斷是所有中斷中順序最高的中斷，且不受中斷旗標所控制（禁止）
- 所謂的副程式，就相當於高階語言中的函數

從上一節當中的教學裡頭我們知道，中斷發生之時會先找中斷向量表，找到後，接著再找尋中斷服務程式，由於電腦會發生中斷的情況百百種，所以這時候了解中斷就非常重要了，因此接下來我們要來了解每一個中斷所代表的基本意義，並且做成表格之後來讓大家方便參考使用。

》 3-4 中斷向量表

講了這麼多，我們現在要來對中斷向量表來做一個歸納與整理，只要有了這個表之後，就等於有強大的工具來撰寫組合語言程式碼與作業系統。

在繼續後面的學習之前，讓我們先來說明下面幾個非常重要的專有名詞：

中文名詞	英文全稱	英文簡稱
中斷向量表	Interrupt Vector Table	IVT
中斷服務程式	Interrupt Service Routine	ISR
中斷請求	Interrupt ReQuest	IRQ

其中，中斷服務程式又被稱為中斷處理程式。

在了解了上面的專有名詞之後，接下來我們就要來了解中斷以及中斷內部的詳細資訊，為了方便學習起見，我用了個表來做說明，在此請各位注意幾點：

1. 由於中斷向量表的內容過於龐大，在此我只能給出部分內容
2. 後續遇到的中斷，我們後續再說，沒用到的部分就暫時先不說
3. 表的順序以中斷向量號的順序來排列

最後請各位注意一點，下表中的內容多參閱並引用自維基百科，並且由作者修改：

中斷號 00~0F

號碼	00H
位址	00000
觸發對象或用途	CPU（除以 0）
描述	除法運算時，分母為 0 之時發生中斷
備註	當發生 00H 號中斷之時，int 00H 會從中斷向量表 0000：0000 當中來找尋出 ISR 的位址，找到 ISR 之後接著執行 ISR，也就是在螢幕上顯示出「Divide Overflow」這一句話，然後結束程式，最後回到 DOS
號碼	01H
位址	00004
觸發對象或用途	CPU（單步）
描述	執行一道指令便執行一次 01H 號的中斷，條件是狀態旗標的第八位也就是 TF 必須等於 1
備註	給 Debug 來做單步執行使用，一般來說 int 01H 的 ISR 只有 iret（無動作且直接返回）這個指令而已
號碼	02H
位址	00008
觸發對象或用途	CPU

描述	非可封鎖中斷，透過 CPU 的接腳 NMI（Non Maskable Interrupt，中文名稱為不可遮蔽中斷）來觸發此中斷，例如啟動自我測試時出現記憶體錯誤因而引發此中斷
備註	在硬體中，NMI 的中斷優先權為第一，也就是最高
號碼	**03H**
位址	0000C
觸發對象或用途	CPU（除錯）
描述	第一個未定義的中斷向量，約定俗成僅用於除錯（偵錯）程式
備註	Debug 時，如果執行到中斷點（Break Point）的話，此時便會執行 int 03H，接著顯示各個暫存器之內的資料
號碼	**04H**
位址	00010
觸發對象或用途	CPU（算數）
描述	算數溢位（overflow），也就是發生溢位時而觸發的中斷
備註	int 04H 的功能類似於 int 00H，int 04H 的內容只有 iret 而已，而且當中斷發生時，DOS 不但不會處理而且程式也不會回到 DOS
號碼	**05H**
位址	00014
觸發對象或用途	CPU（Print Screen）
描述	按下 Shift-Print Screen 或 BOUND 指令之時，若檢測到範圍異常的話便觸發中斷
備註	按下 Print Screen 之時便會觸發 int 05H 中斷，但要注意的是，int 05H 是由 int 09H 的 ISR 所執行，並為螢幕的硬複製（Hard Copy）
號碼	**06H**
位址	00018
觸發對象或用途	CPU
描述	非法指令
備註	無效的操作碼
號碼	**07H**
位址	0001C

觸發對象或用途	CPU（浮點）
描述	在沒有數學輔助處理器的情況之下，嘗試執行浮點指令之時所觸發的中斷
備註	數學輔助處理器就是 Intel 8087，8087 的設計目的是用來加速對浮點數的計算
號碼	**08H**
位址	00020
觸發對象或用途	硬體
描述	由 Intel 8253 在每 55 毫秒當中來觸發一次中斷，換句話說，Intel 8253 會以 18.2 次 / 秒的頻率來對 CPU 發出 int 08H 中斷
備註	此為 IQR0 時鐘計數
號碼	**09H**
位址	00024
觸發對象或用途	硬體（鍵盤）
描述	每次對鍵盤按下、按住或釋放之時便會由 Intel 8255 來對 CPU 產生 int 09H 中斷
備註	int 09H 會把按下、按住或釋放之時的按鍵碼給送到鍵盤緩衝區，接著讓 int 16H 來讀取這些按鍵碼 此為 IQR1 鍵盤動作
號碼	**0AH**
位址	00028
觸發對象或用途	硬體
描述	無功用
備註	此為 IQR2
號碼	**0BH**
位址	0002C
觸發對象或用途	硬體
描述	本中斷主要是涉及到串列式通訊。如果把 COM2 以串列式通訊的方式來處理傳輸之時，則傳輸程式會把 int 0BH 設定給 COM2 與 COM4 來使用

備註	通訊有兩種方式，分別是： 1. 並列式通訊（Parallel Communication）：通訊時一次傳輸多個位元（Bit） 2. 串列式通訊（Serial Communication）：通訊時一次傳輸一個位元（Bit） COM 為英文 Communication Port 的縮寫，其又被稱為通信埠，讓我們來看個範例之後各位就知道 COM 到底長什麼樣子：  COM port (DE-9 connector). 看完了上圖之後，相信大家應該都對這東西感到不陌生才是。 COM 有 I/O 位址，位址如下所示： COM1: I/O port 0x3F8, IRQ 4 COM2: I/O port 0x2F8, IRQ 3 COM3: I/O port 0x3E8, IRQ 4 COM4: I/O port 0x2E8, IRQ 3 而 int 0BH 中斷則是涉及到 COM2 與 COM4 此為 IQR3
號碼	**0CH**
位址	00030
觸發對象或用途	硬體
描述	原理與 int 0BH 相同，差別在於對象是 COM1 與 COM3
備註	此為 IQR4
號碼	**0DH**
位址	00034
觸發對象或用途	硬體
描述	提供硬碟控制器 PC/XT 下或 PC AT LPT2（並列埠）來使用，例如印表機控制卡

備註	並列埠（Parallel Port）又被稱為平行埠或者是 LPT(Line Printer Terminal)，是電腦上以並列式通訊的方式來傳遞資料的埠，圖示如下所示： 並列埠  在IBM相容機常見的一個用於連接印表機的DB-25並列埠，帶有印表機圖案。 此為 IQR5
號碼	**0EH**
位址	00038
觸發對象或用途	硬體
描述	需要時由軟碟控制器（Floppy Disk Controller，簡稱 FDC）來呼叫
備註	執行完 int 13H 之後，接著執行 int 0EH，最後設置軟碟機，軟碟機如下圖所示：  5¼寸軟碟機 軟碟機現（2021 年）已淘汰 此為 IQR6
號碼	**0FH**
位址	0003C
觸發對象或用途	硬體
描述	與 0DH 相同
備註	此為 IQR7

中斷號 10H：

號碼	10H
位址	00040
觸發對象或用途	BIOS
描述	顯示服務 - 由 BIOS 或作業系統設定以供軟體呼叫
備註	AH=00H 設定顯示器的顯示方式
	AH=01H 設定游標形態
	AH=02H 設定游標位置
	AH=03H 取得游標位置與形態
	AH=04H 取得光筆位置
	AH=05H 設定顯示頁
	AH=06H 清除或捲軸畫面 (上)
	AH=07H 清除或捲軸畫面 (下)
	AH=08H 讀取游標處字元與屬性
	AH=09H 更改游標處字元與屬性
	AH=0AH 更改游標處字元
	AH=0BH 設定邊界顏色
	AH=0CH 於繪圖模式之內繪製一個圖點
	AH=0DH 讀取點的顏色值
	AH=0EH 在 TTY 模式下寫字元
	AH=0FH 取得目前顯示模式
	AH=13H 寫字串
	了解本中斷需要具有下列的預備知識：
	分頁：對顯示記憶體以 64KB 的大小來分割成若干頁，也就是說，以顯示記憶體當中的每 64KB 為一頁，而每一個頁都會有一個號碼，我們稱之為頁號，要注意的是，頁從 0 號開始算起，所以第一頁的頁號就是 0 號而不是 1 號。
	分頁的好處就在於，我們可以知道目前的頁數以外，也可以藉由換頁的方式來對頁進行處理。
	VGA：VGA 是 Video Graphics Array 的縮寫，中文名稱是視訊圖形陣列，視訊圖形陣列是 IBM 電腦公司在使用類比訊號的電腦顯示標準，同時也是大多數電腦製造商所遵循的圖形標準

以下是針對 int 10H 的詳細解說：

0. AH=00H：

暫存器		功能
AH	AL	
00H	顯示器的模式碼	設定顯示器的顯示方式

AL 的可設定值與意義					
AL	模式	解析度	顏色數量	頁數	位址
00H	文字	40x25	16	8	B8000
01H	文字	40x25	16	8	B8000
02H	文字	80x25	16	8	B8000
03H	文字	80x25	16	8	B8000
04H	繪圖	320x200	4	1	B8000
05H	繪圖	320x200	4	1	B8000
06H	繪圖	640x200	2	1	B8000
07H	文字	80x25	2	8	B0000
08H	繪圖	160x200	16		B0000
09H	繪圖	320x200	16		B0000
0AH	繪圖	640x200	4		B0000
0BH	保留				
0CH					
0DH	繪圖	320x200	16	8	A0000
0EH	繪圖	640x200	16	4	A0000
0FH	繪圖	640x350	2（單色）	2	A0000
10H	繪圖	640x350	16	2	A0000
11H	繪圖	640x480	2（單色）	1	A0000
12H	繪圖	640x480	16	1	A0000
13H	繪圖	320x200	256	1	A0000

範例程式碼如下所示：

```
mov al, 07h
mov ah, 00h
int 10h
```

1. AH=01H

暫存器		功能
AH	CH 與 CL	
01H	CH= 游標起始線（0~F） CL= 游標終止線（0~F）	設定游標形態

游標圖示如下所示：

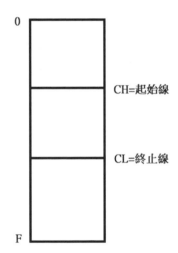

範例程式碼如下所示：

```
mov ch, 4 # 起始線
mov cl, 5 # 終止線
mov ah, 01h
int 10h
```

2. AH=02H

暫存器		功能
AH	BH、DH 與 DL	
02H	BH= 頁碼 DH=Y 座標 DL=X 座標	設定游標位置

範例程式碼如下所示：

```
mov dh, 15 # Y座標
mov dl, 23 # X座標
mov bh, 0 # 頁碼
mov ah, 02h
int 10h
```

使用此程式之時必須注意，座標原點位於顯示器的左上角，此時的座標為（0,0） 前面說過，顯示器上的字元排列方式以及最大容納的字元數為 80x25=2000，所以顯示器的右下角（79,24）便是顯示器上的最大座標值。

3. AH=03H

暫存器		功能
AH	BH、CH、CL、DH 與 DL	
03H	BH= 頁碼 CH= 游標起始線 CL= 游標終止線 DH=Y 座標 DL=X 座標 回傳 CH、CL、DH 與 DL	取得游標位置與形態

範例程式碼如下所示：

```
mov ah, 03h # 頁碼
mov bh,0
int 10h
```

4. AH=04H

暫存器		功能
AH	AH、BX、CX、DH 與 DL	
04H	AH=0 光筆未觸發 AH=1 光筆觸發 BX= 圖形的 X 座標 CX= 圖形的 Y 座標（顯示模式為 0DH~10H） CH= 圖形的 Y 座標（顯示模式為 04H~06H） DH= 文字 Y 座標 DL= 文字 X 座標 回傳 AH、BX、CX、DH 與 DL	取得光筆位置

範例程式碼如下所示：

```
mov ah, 04h
int 10h
```

5. AH=05H

暫存器		功能
AH	AL	
05H	頁碼	設定顯示頁

範例程式碼如下所示：

```
mov ah, 05h
mov al,0
int 10h
```

6. AH=06H

暫存器		功能
AH	AL、BH、CH、CL、DH 與 DL	
06H	AL= 上捲列數（設為 0 時上捲為空視窗） BH= 空格屬性 CH= 左上角 Y 座標 CL= 左上角 X 座標 DH= 右下角 Y 座標 DL= 右下角 X 座標	清除或捲軸畫面（上）

7. AH=07H

暫存器		功能
AH	AL、BH、CH、CL、DH 與 DL	
07H	AL= 下捲列數（設為 0 時下捲為空視窗） BH= 空格屬性 CH= 左上角 Y 座標 CL= 左上角 X 座標 DH= 右下角 Y 座標 DL= 右下角 X 座標	清除或捲軸畫面（下）

8. AH=08H

暫存器		功能
AH	BH	
08H	BH= 頁碼 回傳屬性碼 AH 與字元碼 AL	讀取游標處字元與屬性

範例程式碼如下所示：

```
mov ah, 08h
mov bh,0
int 10h
```

9. AH=09H

暫存器		功能
AH	AL、BH、BL 與 CX	
09H	AL= 字元碼 BH= 頁碼 BL= 屬性（文字模式）或顏色（繪圖模式） CX= 次數	更改游標處字元與屬性

10. AH=0AH

暫存器		功能
AH	AL、BH、BL 與 CX	
0AH	AL= 字元碼 BH= 頁碼 BL= 前景色 CX= 重複列印字數	更改游標處字元

11. AH=0BH

暫存器		功能
AH	BH 與 BL	
0BH	BH=00H，BL= 背景與邊界顏色（邊界顏色只能在文字模式上設置） BH=01H，BL= 調色盤號碼（只用於 CGA）	BH=00H 設定背景與邊界顏色 BH=01H 設定調色盤

12. AH=0CH

暫存器		功能
AH	AL、BH、CX 與 DX	
0CH	AL= 點的顏色數值 BH= 頁碼 CX=X 座標 DX=Y 座標	於繪圖模式之內繪製一個圖點

13. AH=0DH

暫存器		功能
AH	BH、CX 與 DX	
0DH	BH= 頁碼 CX=X 座標 DX=Y 座標	讀取點的顏色值

14. AH=0EH

暫存器		功能
AH	AL、BH 與 BL	
0EH	AL= 字元碼 BH= 頁碼 BL= 前景色	在 TTY 模式下寫字元

15. AH=0FH

暫存器		功能
AH	AH、AL 與 BH	
0FH	AH= 每一行的字數 AL= 顯示器的模式碼 BH= 使用的頁碼	取得目前顯示模式

16. AH=13H

暫存器		功能
AH	AL、BH、BL、CX、DH 與 DL	
13H	AL= 顯示器的模式碼 BH= 頁碼 BL= 顏色屬性（請看下表） CX= 字串長度 DH=Y 座標 DL=X 座標 注意，使用此中斷之時，必須使用暫存器 ES：BP 來指向字串的開頭	寫字串

以下是對暫存器 BL 的設定：

十六進位數字	二進位數字	顏色
0	0000	Black
1	0001	Blue
2	0010	Green
3	0011	Cyan
4	0100	Red
5	0101	Magenta
6	0110	Brown
7	0111	Light Gray
8	1000	Dark Gray
9	1001	Light Blue
A	1010	Light Green
B	1011	Light Cyan
C	1100	Light Red
D	1101	Light Magenta
E	1110	Yellow
F	1111	White

本節內容（包含圖片）均引用自維基百科，非本人所創：

https://en.wikipedia.org/wiki/COM_(hardware_interface)

https://zh.wikipedia.org/wiki/BIOS%E4%B8%AD%E6%96%B7%E5%91%BC%E5%8F%AB

https://zh.wikipedia.org/wiki/%E5%B9%B6%E8%A1%8C%E7%AB%AF%E5%8F%A3

int 21H 皆參考自網路上的其他資料。

最後，關於組合語言的基本概念，我們就到這裡為止，後續有關於指令的部分，請各位參考：

1. 《秋聲教你玩組合語言：指令精華篇》
2. 《通往高級駭客的修行之路 - 組合語言心法修行與反逆向工程的初階入門（電子書）》

或者是同類書籍也可以。

3-5 顯像原理

在講顯像原理之前，讓我們先來回顧一下記憶體，我們以前曾經說過 CPU、邏輯記憶體與外部設備三者之間的關係：

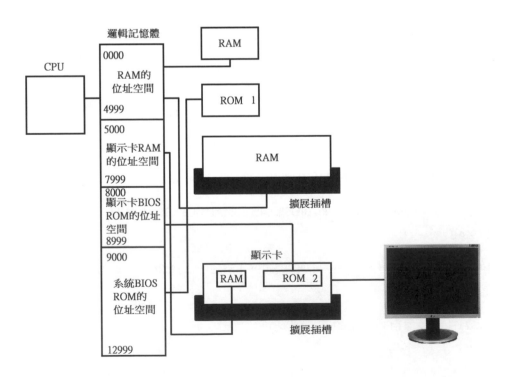

現在，讓我們把邏輯記憶體的部份給修改成 8086 的記憶體位址空間：

所以，當我們把程式給寫進顯示記憶體位址空間之時：

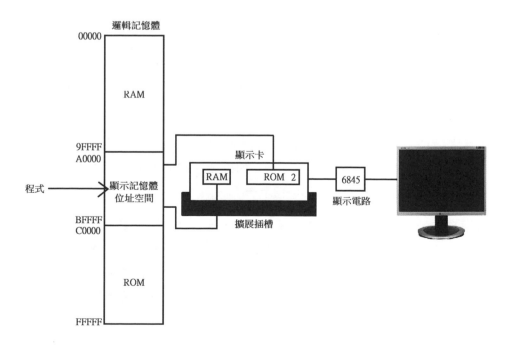

等於把程式給寫進顯示卡裡頭的 RAM，而顯示卡裡頭的 RAM 其位址會對應到螢幕（也就是顯示器）上，而在這當中，顯示電路會一直讀取顯示卡上的記憶體資料，並且把這資料傳送給螢幕，藉此來改變顯示器也就是螢幕的輸出。

》 3-6 顯示卡與顯示模式

在前面，我們曾經說過了電腦週邊設備與電腦主機兩者之間的關係，這層關係是屬於間接關係，而不是直接關係，也就是說，CPU 無法直接控制像是螢幕這種電腦週邊設備，CPU 只能透過像顯示卡這種介面卡來跟電腦週邊設備進行間接溝通。

由於電腦週邊設備頗多，所以本書目前只強調跟作業系統有關的電腦週邊設備即可，除非未來有需要，屆時會再說明，首先讓我們來看的是俗稱螢幕的顯示器。

在講螢幕之前讓我們先來舉個生活上的例子，我相信大家應該都有畫過畫的經驗，畫就色彩來說至少有兩種，一種是單色，而另一種則是彩色，最典型的單色就是直接拿 2B 鉛筆在紙上畫畫，而彩色的部分，就是拿彩色筆在紙上畫畫，這兩種色彩的呈現方式跟電腦螢幕上呈現色彩的方式都非常類似，也需要有各式各樣各種顏色的筆來呈現螢幕上的顏色。

對電腦而言，如果想在電腦螢幕上呈現單色畫面的話，那就使用像是 Hercules 這種單色顯示卡，同樣道理，如果要在電腦螢幕上呈現彩色畫面的話，那就使用像是 VGA 這種彩色顯示卡。

接下來我們要來說的是顯示器的顯示模式，讓我們回到畫畫，不管我們拿出什麼樣的畫筆，基本上都能夠畫出像是諸如 ABCD 等文字與自然山水等風景圖片，對顯示器而言，文字的呈現會使用顯示器的文字模式來處理，也就是畫出文字 ABCD，至於對圖片的呈現則是會使用顯示器的繪圖模式來處理，

也就是畫出自然山水等風景圖片，最後補充一點，當電腦在開機之時，首先
會進入文字模式。

≫ 3-7 顯像原理的進階說明

在 前 面 ， 我 們 曾 經 說 過 顯 示 記 憶 體 位 址 空 間 位 於 邏 輯 記 憶 體 位 址
A0000~BFFFF 之間，而在電腦開機時，首先會進入文字模式，以 Hercules 顯
示卡而言，這時候會以顯示記憶體位址空間當中的 B000：0000~B000：0FFF
也就是 B0000~B0FFF 一共 4KB 的大小來讓螢幕使用，對 VGA 顯示卡而言，
顯示記憶體位址空間則是被安排在 B800：0000~B800：0FFF 之間，下圖我們
以 Hercules 顯示卡為例來做說明（注意，下圖中邏輯記憶體之內的位置關係
不照比例來畫出，僅示例用）：

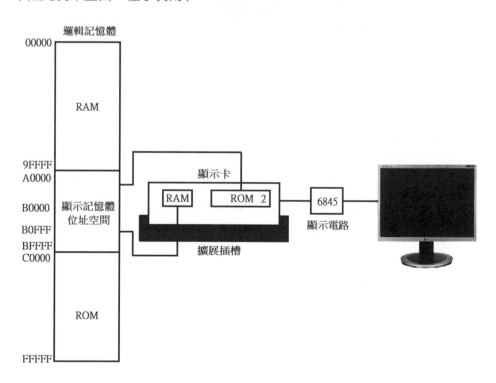

以單色顯示卡的文字模式來說，單色螢幕一列可以放置 80 個字元，而單色螢幕一共有 25 行，因此單色螢幕上可以放置 80x25=2000 個字元，因此整個 4KB 的大小就讓這 2000 個字元來做使用，而每一個字元可以分配到的記憶體空間是 2 個位元組（Bytes），讓我們用個圖來表示：

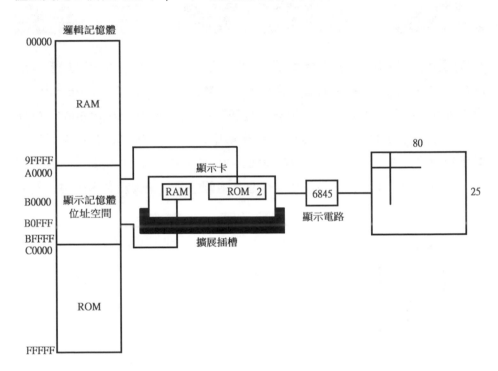

如果這時候在顯示記憶體位址空間的 B0000~B0FFF 之內寫入 2 個位元組的資料，那就等同於我對顯示卡裡頭的 RAM 來寫入資料，而這寫入的資料，則是會透過顯示電路而呈現在單色螢幕上，情況如下圖所示：

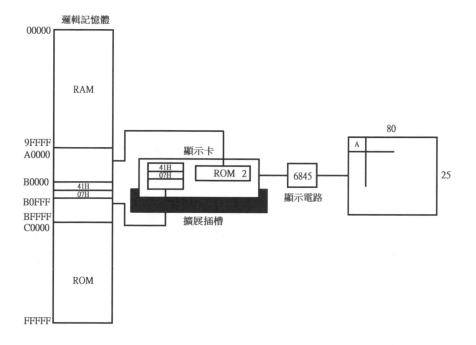

上圖的範例告訴我們，對 B0000~B0FFF 之內寫入 41H 與 07H 之後，等於對顯示卡上的 RAM 寫入 41H 和 07H，而 41H 表示英文字母 A，07H 表示黑底白字，其中黑底白字這個特徵我們就稱為屬性，因此，對螢幕上寫入文字之時，首先要寫入文字，接下來才是寫入屬性。

讓我們來看個範例：

```
命令提示字元 - debug                                               —    □    ×

             A Windows [???? 10.0.17763.1935]935]
(c) 2018 Microsoft Corporation. ??????????,,????????????????保保留留一一切切權權

C:\Users\Play12345>cd\

C:\>debug
-f B800:0000 0010 41 01
-d B800:0000
B800:0000  41 01 41 01 41 01 41 01-41 01 41 01 41 01 41 01   A.A.A.A.A.A.A.A.
B800:0010  41 07 20 07 57 07 69 07-6E 07 64 07 6F 07 77 07   A. .W.i.n.d.o.w.
B800:0020  73 07 20 07 5B 07 3F 07-3F 07 3F 07 3F 07 20 07   s. .[.?.?.?.?. .
B800:0030  31 07 30 07 2E 07 30 07-2E 07 31 07 37 07 37 07   1.0...0...1.7.7.
B800:0040  36 07 33 07 2E 07 31 07-39 07 33 07 35 07 5D 07   6.3...1.9.3.5.].
B800:0050  20 07 20 07 20 07 20 07-20 07 20 07 20 07 20 07   . . . . . . . .
B800:0060  20 07 20 07 20 07 20 07-20 07 20 07 20 07 20 07   . . . . . . . .
B800:0070  20 07 20 07 20 07 20 07-20 07 20 07 20 07 20 07   . . . . . . . .
-
```

由於我的顯示卡並不是 Hercules 顯示卡，因此這時候我就不能以顯示記憶體位址空間當中的 B000:0000~B000:0FFF 來當範例，而是要使用 VGA 顯示卡的顯示記憶體位址空間 B800:0000~B800:0FFF 來做範例。

在範例中，我從 B800:0000 的地方開始對記憶體之內填入了 41 與 01 等資料，而結果則是 9 個英文字 A 出現在畫面內的左上角，由於本書是黑白列印，因此各位可以在 Debug 之下來試試看，結果會出現彩色（我的範例是前八個英文字母 A 出現紫色，而最後一個英文字母 A 出現白色）

≫ 3-8 屬性說明與色彩設定

從上一節的內容當中我們可以知道，屬性指的就是字元的呈現方式，由於顯示卡有兩種也就是單色顯示卡與彩色顯示卡，在此，讓我們以 Hercules 顯示卡與 VGA 顯示卡這種兩顯示卡為範例來做說明，首先是 Hercules 顯示卡的部分。

我們都有在作文紙上寫過作文的經驗，作文紙上有一格一格的方塊，而我們可以在方塊內寫入各種各式各樣的文字或標點符號等，同樣道理，Hercules 顯示卡的情況也是一樣，各位可以想像一下，假設作文紙上一格一格的方塊是由長度為 9mm，而高度為 14mm 所組成的方格子，而像是 ABCD 等字元就是被寫入在這一格一格的方格子之內，只是說，Hercules 顯示卡上的方格子並非是以 mm 為單位，而是以點為單位。

格子內的顏色或者是顯示方式就是背景，而字元的顏色或者是顯示方式就是前景，情況如下圖所示：

接下來是 Hercules 顯示卡的屬性：

控制 對象	前景 閃爍	背景控制			前景 亮度	前景控制		
位元	7	6	5	4	3	2	1	0

前景閃爍：0 正常，1 閃爍

背景控制：000 黑色，111 反白

前景亮度：0 正常，1 加強

前景控制：000 反白，111 正常

至於 VGA 顯示卡的部分則是：

控制 對象	前景 閃爍	背景顏色控制			前景 亮度	前景顏色控制		
位元	7	6	5	4	3	2	1	0
意義	B	R	G	B	I	R	G	B

其中：

B 為藍色

G 為綠色

R 為紅色

當第 7 位元的 B 等於 1 之時會有兩種不同的功能，分別是前景閃爍與增加背景亮度，至於設定方面，可用 BIOS 的 int 10H 中斷來處理：

中斷號碼	AH 暫存器	BL 暫存器
10H	10H	0= 增加背景亮度 1= 前景閃爍

至於顏色控制的部分如下表所示：

二進位數	顏色	英文	二進位數	顏色	英文
0000	黑色	Black	1000	灰色	Gray
0001	藍色	Blue	1001	淡藍色	Light Blue
0010	綠色	Green	1010	淡綠色	Light Green
0011	青色	Cyan	1000	淡青色	Light Cyan
0100	紅色	Red	1100	淡紅色	Light Red
0101	紫紅色	Magenta	1101	淡紫紅色	Light Magenta
0110	棕色	Brown	1110	黃色	Yellow
0111	銀色	Light Gray	1111	白色	White

從組合語言邁向作業系統的初步暖身 - 預備暖身

≫ 4-1 前言

在《計算機組成原理：作業系統概論 I》一書當中，我們對於 CPU 的探討僅止於 8086，那時候我們所使用的暫存器是 16 位元，而從前面的學習中各位一定都發現到，在 8086 當中，要直接修改記憶體那簡直是家常便飯，這對使用者來說，實在是非常危險，緣此，後來的 CPU 開發商便推出了新的 CPU，而新的 CPU 主要是對舊的 CPU 做了大幅度的改良，好讓你無法再像以前操作 8086 CPU 那樣，想直接修改記憶體就直接修改記憶體，也就是說，新的設計多了道工法，這道工法就是保護。

針對上面的內容，我們稱 8086 的 CPU，其工作模式是真實模式，而加了保護這道工法的 CPU，其工作模式就是保護模式，而從真實模式到保護模式，這中間經過了多道設計工法，而接下來我們要認識的，便是這些工法。

≫ 4-2 引言

上一節，我們說到新的 CPU 具有一道新的工法，而這道新的道工法便是保護模式，那什麼是保護模式呢？在講解保護模式這個主題之前，讓我們先來點輕鬆的話題。

小秋跟小惠是一同長大的青梅竹馬，小時候，小秋要找小惠很簡單，小秋只要直接打電話給小惠，又或者是直接去小惠家門口按電鈴，這樣小秋就可以直接找到小惠了。

但隨著年紀的增長，這時候的小惠可不能說要找就找，為了保護好小惠，於是小惠的爸媽便對小惠做了些保護甚至是管制上的措施，例如說：

1. 跟朋友出去之前必須得先跟爸媽報備
2. 去哪裡？幾點回來？
3. 晚上有門禁喔，超過時間自己得想辦法

等等等一連串的管制措施,而這些管制措施的制定講白了就是為了保護小惠的人身安全,而這些人身安全都是在小惠長大之時才出現,也因此,我們把小惠小時候的狀態就稱為真實模式,而長大後的狀態就稱為保護模式。

在真實模式底下,小秋跟小惠兩人彼此之間兩小無猜,所以小惠的爸媽不用做任何的管制,小秋隨時想約小惠出來就約小惠出來,但在保護模式底下那事情可就不一樣,在保護模式底下,小惠的爸媽為了小惠的安全起見,於是便對小惠制定了一連串的保護措施。

以上就是真實模式與保護模式之間的由來與差別,人如此,電腦也是一樣,只是電腦的情況更為複雜,而本書的下半部,就是要來討論保護模式。

≫ 4-3 真實模式與保護模式

在講真實模式與保護模式之前,讓我們先來回顧一下記憶體,那時候我們說,記憶體就像是一個盒子或者是一個箱子那樣,裡頭可以存放很多東西,圖示如下所示:

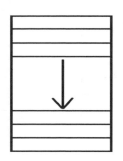

1 個格子的大小就是 1 個位元組或者是 1 個 Byte,2 個格子的大小就是 2 個位元組或者是 2 個 Bytes,但如果格子有 1024 個也就是 1024 個 Bytes 的話,那這時候我們就稱這 1024 個 Bytes 為 1KB,而 1024 個 1KB 我們就稱之為 1MB,後續以此類推,讓我們來歸納如下:

1 KB = 1024 Bytes = 2 的 10 次方 = 2^{10}

1 MB = 1024 KB = 2 的 20 次方 = 2^{20}

1 GB = 1024 MB = 2 的 30 次方 = 2^{30}

1 TB = 1024 GB = 2 的 40 次方 = 2^{40}

其中 B = Byte，當格子的數量大於 1 之時，Byte 的後面要記得加上 s 而成為 Bytes（雖然這是基本的英文文法問題，但常常看到犯這問題）。附帶一提，小寫的 b 習慣上代表的是一位元（bit），而大寫的 B 就代表位元組（byte）。

了解了上面的情況之後，接下來讓我們繼續。

所謂的真實模式，意思就是指記憶體的定址範圍最大就是到 1M 的位元組，典型的 8088 與 8086 CPU 便是在真實模式底下來運行，至於保護模式的話，意思就是指記憶體的定址範圍可以超過 1M 以上的位元組，而 CPU 的部分至少要 80268 以上的 CPU 才能夠在保護模式底下來運行，圖示如下所示：

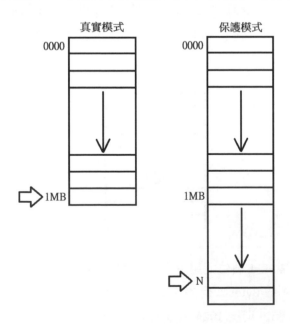

圖中左邊的真實模式，其記憶體的定址範圍最大就是到 1M 位元組，圖中右邊的保護模式，其記憶體的定址範圍可以超過 1M 位元組，而到 N 的地方。

關於真實模式與保護模式的基本概念我們暫且就先講到這邊為止就好，後面
我們還會講到由真實模式與保護模式所衍伸出來的位址，而關於這部分的內
容，我們之後再來講。

最後補充一點，Windows 是在保護模式底下來運行的作業系統。

》 4-4 記憶體位址的種類

上一節，我們簡介了真實模式與保護模式之間的差異，在本節，我們要以上
一節的知識為基礎，來講述記憶體位址的種類。

記憶體位址其實就是格子或者是箱子上的編號，但因為電腦在設計上的因
素，導致在不同的情況之下，總名稱雖然都是記憶體位址，但意思卻有點不
太一樣，怎麼說？

這就要講到 CPU 了，由前面的知識當中我們知道 CPU 可以在真實模式與保
護模式的底下來工作，而在真實模式底下來工作所看到的記憶體位址與在保
護模式底下來工作所看到的記憶體位址都不太一樣，而這之中有的還涉及到
作業系統的分頁問題，對此，讓我們用個表來做歸納：

位址名稱	位址意義	備註
實體位址	存在於真實硬體設備上的記憶體位址	
邏輯位址	段基礎位址：段內偏移位址	
線性位址	由「段基礎位址」與「段內偏移位址」所組合而成的記憶體位址	1. 無開啟分頁，此時線性位址等於實體位址 2. 有開啟分頁，此時線性位址等於虛擬位址 3. 真實模式無分頁
有效位址	段內偏移位址	

從上表當中我們可以看到，至少有五種名稱的記憶體位址，分別是：

1. 實體位址
2. 邏輯位址
3. 線性位址
4. 虛擬位址
5. 有效位址

接下來讓我們來舉個例子，對真實模式來説，邏輯位址就是段基礎位址：段內偏移位址，而邏輯位址轉化成線性位址的公式就是：

線性位址 = 段基礎位址 x 16（左移 4 位元）+ 段內偏移位址

由於這時候的真實模式並無分頁，因此，此時的線性位址就等於實體位址。

≫ 4-5 重定位

什麼是重定位呢？在講解重定位之前讓我們先來看一段小故事。假設現在有若干個箱子，箱子最先的位址編號是 0000:0000，然後距離 0000:0000 之處的地方 0000:0003 的箱子當中放置了一顆蘋果，現在，因為某些因素，我要改變最先的位址，也就是將箱子的編號給改變一下，把原先的 0000:0000 給「改變」成 0100:0000 的地方，那現在問題來了，原先的位址編號在經過改變之後，蘋果的實際位址會是多少？

在上面對於位址的描述中，我們使用了段基礎位址：段內偏移位址的基本觀念，因此，縱使將段基礎位址發生改變，只要段內偏移位址不變，那我們一樣可以找得到蘋果的新位址也就是 0100:0003，圖示如下所示：

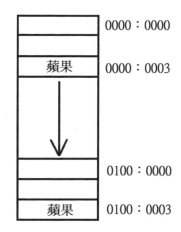

像這種位址發生轉移，但箱子內的資料仍然不變的情況之下，我們就稱之為（位址）重定位。

≫ 4-6 分級保護域的基本概念

分級保護域是個具有保護性質的概念，而且還會涉及到特權級別，級別以數字來做表示，其中數字越小則特權越大，這樣講可能太抽象了，讓我們來看個小故事。

有一天，阿畜和阿畜的女友正在交往，這時候阿畜的女友說……

阿畜的女友：以後老娘說什麼你都得聽，我叫你跪你就跪，叫你吃你就吃

阿畜：那我呢？

阿畜的女友：你的話很簡單，我會根據你說的話來考量我是不是要照辦，例如說你叫我吃，那我可能吃或可能不吃，但我叫你吃，你就一定得吃，換言之，老娘的話就是聖旨，至於我要不要吃這就隨老娘高興，你管不著。

像這種情況，阿畜的女友特權最大，所以我們就給阿畜的女友的特權給編上 0 號的號碼，至於阿畜則是 1 號，因為在這種情況之下阿畜的特權最小，圖示如下所示：

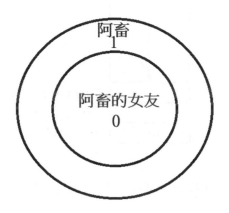

上圖是個環狀圖，環中心的特權最大，往外依次越小。

假設有一天，阿畜和阿畜的女友住在一起，並且家中還請了一位波姓秘書以及一位愛姓管家，這時候四人講的話，其大小如下：

阿畜的女友 > 阿畜 > 波秘書 > 愛管家

圖示如下所示：

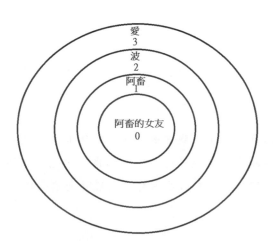

所以這時候我們可以知道，講話最大聲的還是阿畜的女友，其次才是阿畜，接下來是波秘書，最後才是愛管家，環越大，數字編號也越大，但講話的份量也越小，反之，環越小，數字編號也越小，但講話的份量卻越大。

在看完了小故事之後，現在讓我們回到我們的電腦。

在電腦科學當中，上面的圖又被稱之為保護環（Protection Rings）、環型保護（Rings Protection）或者是 CPU 環（CPU Rings），簡稱為 Rings，其中，越內圈的環特權越大（Ring 0），依次則是往外特權越小（如 Ring 1、Ring 2 與 Ring 3），至於中心環通常是內核模式（或核心模式），而最外層的環通常是使用者模式，圖示如下所示（下圖為 x86 保護模式可用的特權級別）：

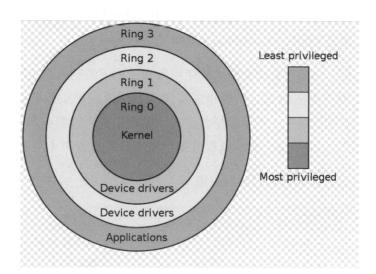

假設現在有一個程式的特權是 Ring 0，那這個程式可以隨時控制 Ring 1、Ring 2 與 Ring 3 的程式或軟體，反之，Ring 1、Ring 2 與 Ring 3 的程式或軟體無法隨便控制或修改特權為 Ring 0 的程式或軟體。

例如說，有一個運行於 Ring 3 的木馬想要在不經過使用者的同意之下而開啟攝影機，接著拍照後把照片回傳給駭客，但由於操作硬體需要使用驅動程式 Ring 1，所以這時候木馬便會無法打開攝影機來進行拍照，這情況就像愛管家要求阿畜要做什麼事情，阿畜是不一定會同意的意思一樣，還有一種情

況，那就是當程式在執行之時，如果發生了什麼意外狀況，至少資料不會輕易地被修改，這對資料保護來說，非常重要。

一般來說，Ring 至少要有 2 個，而多數的作業系統只用了 2 個 Ring，也就是 Ring 0 與 Ring 3，其中 Ring 0 對應到內核模式，至於 Ring 3 則是對應到使用者模式，例如 Windows 7 和 Windows Server 2008 R2 以及這兩種版本之前的 Windows，當然要更多 Ring 的話那也可以，在硬體設計當中，Ring 0 擁有最高等級的特權，往外依次則是 Ring 1、Ring 2、Ring 3…至於 Ring 有幾個，那就視硬體設計而定，但基本上就是 2 個起跳，歷史上也有曾經設計到 8 個 Ring 的範例。

Ring 的設計是由 CPU 所提供，至於作業系統要用到幾個 Ring，那就視設計者來決定，例如上面說的 Windows 7 只用了 2 個 Ring。

附帶一提的是，如果程式或軟體處於使用者模式底下的話，那這時候程式或軟體如何切換成內核模式並取得相關資源？各位還記得以前我們說過的系統呼叫嗎？答案就是它，過程就是讓程式或軟體來進行系統呼叫，接著 CPU 進入內核模式，這樣一來，程式或軟體便可以存取系統資源（也包含硬體）。

最後用個表來整理 Ring 的號碼與對象：

號碼	對象
0	內核
1 與 2	驅動程式
3	應用程式

本節引用與參考資料：

https://zh.wikipedia.org/wiki/%E5%88%86%E7%BA%A7%E4%BF%9D%E6%8A%A4%E5%9F%9F

05

Chapter

從組合語言邁向作業系統的初步暖身 - 段處理

≫ 5-1 保護模式的基本概念

在閱讀本節的內容之前，我先跟大家說一下，接下來的內容純粹只是先給各位一個大致上的輪廓而已，所以內容並不 100% 的完全和現在的系統相符，至於正確的觀念，則是隨著後續的發展而漸漸地水落石出。

前面，我們已經對真實模式有了個基本概念，在此，讓我們對真實模式來做一個另類的思考，首先回到 CPU 與記憶體之間的關係圖：

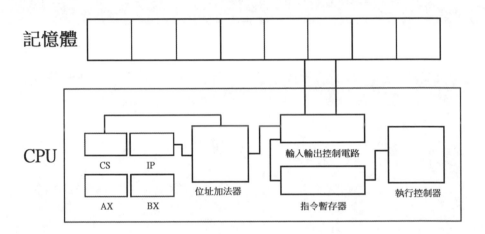

假設現在 CS = 重慶西路一段，而 IP = 100 號：

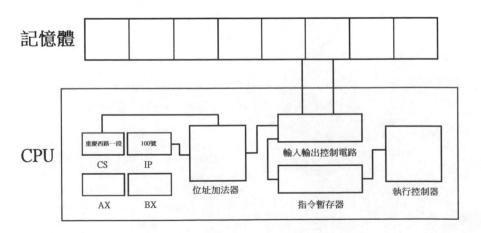

根據這種想法，誰只要知道 CS 暫存器與 IP 暫存器當中所存放的資料，那誰都可以找出一開始所要找尋到的記憶體位址一定就是重慶西路一段 100 號的地方，各位可以想想，這種人人都可以「直接」找到記憶體位址的方式是不是太過於危險了？所以如果有一種方式能夠「間接」地找到記憶體位址，那這樣做是不是安全多了？

例如說對 CS 暫存器放置一個號碼，而從這個號碼當中的索引可以對應到一張表，而這張表會根據索引來找出表中所對應到的段描述符號，而段描述符號當中存放著段基礎位址也就是重慶西路一段，這樣做是不是會相對比較安全一點？讓我們把上面的內容給簡化如下（以下為示意圖）：

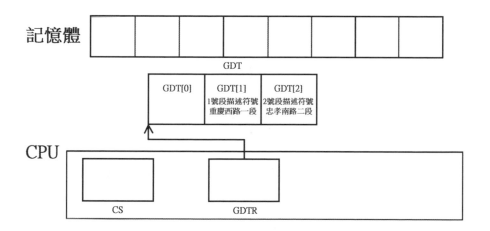

上圖中，暫存器 GDTR 會指向 GDT 這張表，而表中記錄著每個段描述符號，而每個段描述符號當中又存有段基礎位址，例如說 GDT[1] 的地方就是 1 號段描述符號，而在 1 號段描述符號當中則是存放著段基礎位址重慶西路一段，而 GDT[2] 的地方就是 2 號段描述符號，而在 2 號段描述符號當中則是存放著段基礎位址忠孝南路二段，讓我們用近似於 C 語言的方式來撰寫上面的內容：

GDT[1] = 1 號段描述符號

GDT[2] = 2 號段描述符號

要注意的是：

1. GDT[1] 當中的 1 與 GDT[2] 當中的 2 就相當於索引
2. GDT[0] 這個地方不可以用
3. GDT[1] 或 GDT[2] 都是 8 個位元組，後續若還有 GDT[索引]，也一樣是 8 個
4. 在真實情況中，GDT 位於記憶體之內，圖示如下所示：

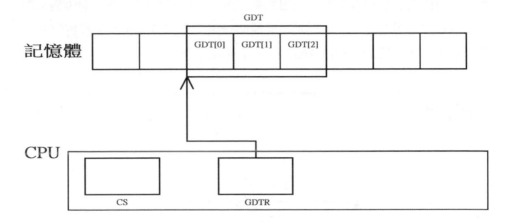

至於 GDT 要設在哪裡，那就由你自己來決定，像有的人喜歡設在主開機紀錄 MBR（Master Boot Record）的後面那也可以。

好了，以生活經驗來比喻保護模式的基本觀念我們就暫且先講到這裡，接下來讓我們回到電腦，首先請各位看看下圖（以下為示意圖）：

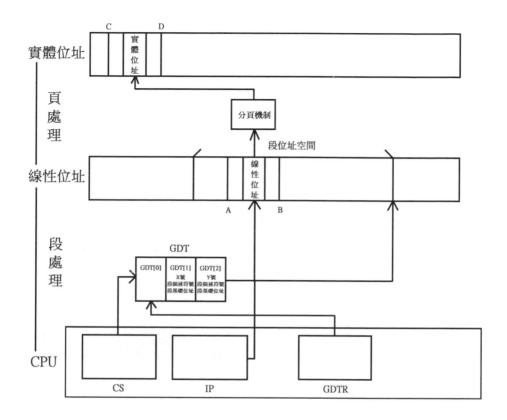

上圖的內容主要是說：

1. GDTR 暫存器會指向 GDT

2. 把一個數字給丟進 CS 暫存器裡頭去，此時會把段基礎位址給找出來

3. 當段基礎位址被找出來之後，會跟 IP 暫存器裡頭的數值也就是段內偏移位址一起合成線性位址

4. 從線性位址出發，經過分頁機制之後，頁（也就是上圖中的 AB）會被丟進記憶體（也就是實體記憶體、物理記憶體、實體位址空間或者是物理位址空間）當中 CD 的地方，此時線性位址會被轉換成實體位址（或物理位址）

在此，請各位注意以下三點：

一、關於分頁有無開啟，如果：

  1. 無開啟分頁，此時線性位址等於實體位址
  2. 有開啟分頁，此時線性位址等於虛擬位址

二、線性位址空間會被分頁化，進而讓 CPU 可以對記憶體來進行有效的管理。

三、段與頁的處理部分：

  從 CPU 到線性位址之間處理的是段，而從線性位址到實體位址之間處理的是頁，整個保護模式也因為有了段處理與頁處理，才跟真實模式有了根本上的區別。

≫ 5-2 偏移量的意義

在講這個主題之前，讓我們先來回顧一下下圖：

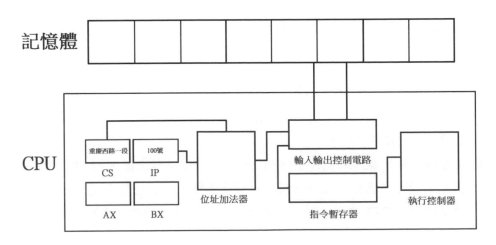

上圖中，假設 CS = 重慶西路一段，而 IP = 100 號，而前面我們也說過只要知道 CS 暫存器與 IP 暫存器之內的資料，便可以得到個合成位址，例如上面的重慶西路一段 100 號，在這個合成位址當中，IP 是個偏移量，而這偏移量會跟原來的重慶西路一段相結合，進而成為重慶西路一段 100 號的結果。

這個結論很重要，因為後續我們會用到這個結論，例如下圖的這個情況：

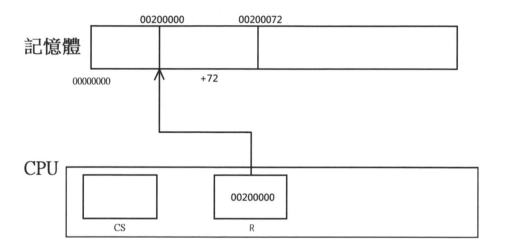

假設現在有一個暫存器 R，R 指向記憶體位址 00200000，又假如現在有個距離記憶體位址 00200000 的偏移量 +72，那這時候的合成位址是多少？

答案就是 00200000 + 72 = 00200072

在之後的學習當中，我們不一定會把合成位址給求出來，所以各位務必要知道偏移量與合成位址的意義。

≫ 5-3 需要保護模式的理由

我們前面所講的內容幾乎都是真實模式，而在真實模式當中，我們看到了真實模式的幾個特點：

名稱	優點	缺點	問題對象
記憶體位址	可直接找到	沒有隱藏	安全性問題
記憶體位址	可直接修改	沒有保留	安全性問題
存放於記憶體位址之內的資料	可直接找到	找到後直接修改	安全性問題
只能存取 64KB 以內的記憶體位址		超過 64KB 就要切換段基礎位址，非常麻煩	設計問題
位址匯流排的長度只有 20 條		20 條不夠用	設計問題

針對以上種種因素，迫使 CPU 開發商必須得做出改變，而這一改，就促成了保護模式的誕生。

保護模式要面對的問題有很多，但這些問題，不能單單只靠修改作業系統的程式碼之後就能夠輕易地獲得解決，還得要靠 CPU 本身的設計，也就是說，CPU 提供位址轉換元件，而作業系統提供分頁，兩者合一，保護模式便可以由此而生。

保護模式還有幾個優點我們必須要知道，主要是在保護模式底下，你所寫出來的程式碼無法直接找出實體位址以及修改實體位址當中所存放的資料，這對資料保護來說，可說是非常重要，因為這改良了真實模式當中的缺點。

保護模式底下的記憶體位址不是線性位址就是虛擬位址，當程式在執行之時，虛擬位址會被轉換成實體位址，而在這整個流程當中，CPU 會跟作業系統一起來合作完成，這也是為什麼在學習作業系統之時，必須得一起學習 CPU 的根本原因，因為軟體的執行能力，終究還是得靠硬體來支撐。

≫ 5-4 段描述符號緩衝暫存器的基本原理

在講段描述符號緩衝暫存器這個主題之前，讓我們先來回顧下圖：

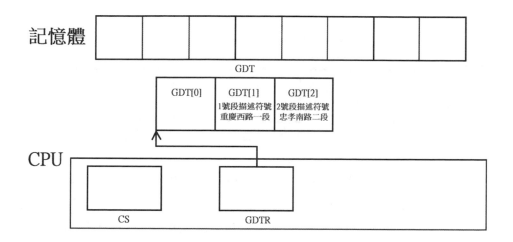

在上圖中，對真實模式而言，CS 暫存器裡頭所存放的資料是段基礎位址，而在保護模式底下，CS 暫存器裡頭所存放的資料是一個數字，而這個數字我們稱之為「選擇子」或者是「選擇器」，其英文名稱為 Selector。

不知道各位發現到了沒有？段描述符號位於記憶體當中，也就是說，當 CPU 要去存取段描述符號之時，必須先發送訊號給記憶體，由於這過程很耗費時間，那這時候該怎麼辦呢？各位還記得我們以前曾經講過的快取吧？只要把常用的東西給放進快取裡頭去的話，要東西拿就很方便，不用再額外跑到遠處，圖示如下所示：

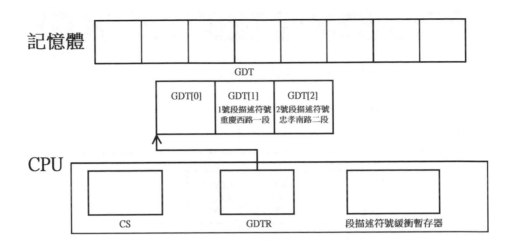

在圖中，段描述符號緩衝暫存器（Descriptor Cache Registers）就是我們的快取，CPU 只要把記憶體的相關資訊給存入段描述符號緩衝暫存器當中，那未來如果要再擷取相同的段，屆時只要從段描述符號緩衝暫存器當中來取得資料即可，不用再跑到記憶體當中。

值得注意的是，雖然段描述符號緩衝暫存器是 32 位元 CPU 保護模式底下的產物，但段描述符號緩衝暫存器也可以應用於真實模式底下。

回到我們的話題，假設現在有一個稱為段 A 的段，把段 A 的段基礎位址左移 4 個位元之後所得到的數值給保存到段描述符號緩衝暫存器裡頭去存放，未來如果 CPU 還要再次擷取段 A 的段基礎位址的話，這時候 CPU 只要讀取段描述符號緩衝暫存器當中的數值即可，不用再特意跑去記憶體當中來讀取資料，同時也不用再計算左移 4 個位元的這道手續，因此非常方便。

最後，如果對選擇子來做更新的話，則 CPU 會重新存取 GDT，接著再把段相關資訊給回傳進段描述符號緩衝暫存器裡頭去做存放，就算所更新的選擇子與之前的選擇子相同也是一樣。

≫ 5-5 段描述符號的基本結構

段描述符號的基本結構如下所示：

高 32 位元										
31~24	23	22	21	20	19~16	15	14~13	12	11~8	7~0
Base Address 31~24	G	D/B	L	AVL	Segment Limit 19~16	P	DPL	S	TYPE	Base Address 23~16

低 32 位元	
31~16	15~0
Base Address 15~0	Segment Limit 15~0

由於 1 個位元組 =1 個 Byte=8 個位元 =8 個 Bit，由於上面有 64 個位元 =64 個 Bit，因此段描述符號總共是 8 個位元組 =8 個 Bytes。

段描述符號的大小是 8 個位元組，之所以分兩個表格來畫主要是因為書本的頁面太小而畫不下的關係，真實情況是把高 32 位元的表格與低 32 位元的表格給結合起來成為一個連續的 64 位元也就是 8 位元組的結構。

接下來我們要來說明段描述符號當中的各個意義：

1. Base Address：

Base Address 總共有 32 個位元，Base Address 中文翻譯為基底位址，基底位址總共有 8+8+16=32 位元，其結構如下表所示：

高 32 位元		低 32 位元
31~24 位	7~0 位	31~16 位
Base Address 31~24	Base Address 23~16	Base Address 15~0
8 位元	8 位元	16 位元

表格中的 Base Address 其實就是段基礎位址，這些段基礎位置一共被分成三個不同的區域來存放，而每個地點也都不一樣，但總體來說：

32 位元的基底位址 Base Address= 低 32 位元當中的 16~31 位的段基礎位址 + 高 32 位元當中的 0~7 位的段基礎位址 + 高 32 位元當中的 24~31 位的段基礎位址。

講完了基底位址之後接下來讓我們來看看 TYPE，段描述符號的結構是先 TYPE 而後 S，但因為要先解釋 S 之後才能夠來解釋 TYPE，故兩者交換。

2. S：

S 只有 1 個位元，以 0 與 1 來表示不同的意義，情況如下表所示：

符號	意義	解說
0	系統段	硬體方面
1	程式段、資料段與堆疊段	軟體方面

系統段就是硬體所需要的結構，又被稱為門，例如工作門等，可通向程式，而資料段則是包含資料、程式與堆疊等傳遞給硬體，進而當成給硬體的輸入。

3. TYPE：

TYPE 總共有 4 個位元，其數值表示各種描述，情況如下表所示：

段分類	TYPE	描述	第3位	第2位	第1位	第0位	備註
系統段	0	保留	0	0	0	0	
	1	可用的 16 位元 TSS	0	0	0	1	1.Available 16-Bit TSS 2. 僅限於 286
	2	LDT	0	0	1	0	局部描述符號表（Local Descriptor Table）
	3	忙碌的 16 位元 TSS	0	0	1	1	1.Busy 16-Bit TSS 2. 僅限於 286

段分類	TYPE	描述	第3位	第2位	第1位	第0位	備註
	4	16 位元呼叫門	0	1	0	0	1.16-Bit Call Gate 2. 僅限於 286
	5	工作門	0	1	0	1	Task Gate
	6	16 位元的中斷門	0	1	1	0	16-Bit Interrupt Gate
	7	16 位元的陷阱門	0	1	1	1	1.16-Bit Trap Gate 2. 僅限於 286
	8	保留	1	0	0	0	
	9	可用的 32 位元 TSS	1	0	0	1	1.Available 32-Bit TSS 2.386 CPU（含以上）的 TSS
	A	保留	1	0	1	0	
	B	忙碌的 32 位元 TSS	1	0	1	1	1.Busy 32-Bit TSS 2.386 CPU（含以上）的 TSS
	C	32 位元呼叫門	1	1	0	0	1.32-Bit Call Gate 2.386 CPU（含以上）
	D	保留	1	1	0	1	
	E	32 位元的中斷門	1	1	1	0	1.32-Bit Interrupt Gate 2.386 CPU（含以上）
	F	32 位元的陷阱門	1	1	1	1	1.32-Bit Trap Gate 2.386 CPU（含以上）
非系統段	無	資料段	X	E	W	A	備註
			0	0	0	*	只讀取資料段
			0	0	1	*	讀寫資料段
			0	1	0	*	唯讀，往下擴充的資料段
			0	1	1	*	讀寫，往下擴充的資料段
		程式段	X	C	R	A	
			1	0	0	*	只執行程式碼片段
			1	0	1	*	可執行或讀取程式碼片段
			1	1	0	*	可執行或一致性程式碼片段
			1	1	1	*	可執行、讀取又或者是一致性程式碼片段

以下為非系統段當中，各個位元的意義，注意，每個位元都有兩種狀態，分別是 0 與 1，其意義如下表所示：

位元	意義
A	表示 CPU 對該段是否已經存取過（Accessed） A=0，未存取 A=1，已存取
W	表示段是否寫入 W=0，不寫入（例如程式段） W=1，寫入（例如資料段）
E	表示段的擴充方向 E=0，向上擴充（位址增加，例如程式段與資料段） E=1，向下擴充（位址減少，例如堆疊段）
X	表示此段能否執行 X=0，不可執行（例如資料段） X=1，可執行（例如程式段）
R	表示對段的讀取 R=0，不讀取 R=1，讀取
C	一致性程式碼片段（Conforming） C=0，非一致性 C=1，一致性

PS：對於 A，CPU 只負責把 A 給設定成 1，卻不負責把 A 給清除成 0，把 A 給清除成 0 的工作是要由軟體或者是作業系統來處理，另外就是，當要創建一個新的段描述符號之時，也要把 A 給清除成 0。

C 的部分稱為一致性程式碼片段或者是特權相依，C=0，非依從或非一致性，表示此段能夠給其他相同特權等級的程式來使用，C=1，依從或一致性，並表示此段能夠給其他較低特權等級的程式來使用。

4. DPL：

是 Descriptor Privilege Level 的縮寫，意思為段描述符號的特權等級，特權等級分四種，分別是 0、1、2 與 3，其中 0 最大，3 最小。

注意，CPU 一進入保護模式之後，特權等級就自動設定為 0。

5. P：

Present 的簡寫，其意義如下表所示：

位元	意義
P	段是否存在於記憶體當中 P=0，不存在（此時 CPU 拋出例外） P=1，存在

6. Segment Limit：

中文為段界限（段界限為 20 位），主要是限制段的擴展區域。

7. AVL：

軟體可用位元，CPU 不使用此位元，此位元是由作業系統來使用。

8. L：

L 的意義如下表所示：

位元	意義
L	模式設定 L=0，兼容性模式 L=1，64 位元模式

9. D/B：

指示段內偏移位址與運算元的大小，分程式段與堆疊段兩部分來看：

首先是程式段：

位元	意義
D	指令裡頭的有效位址與運算元的大小 D=0，16 位元（使用 IP 暫存器） D=1，32 位元（使用 EIP 暫存器）

再來是堆疊段：

位元	意義
B	設定運算元的大小 B=0，16 位元（使用 SP 暫存器） B=1，32 位元（使用 ESP 暫存器）

10. G：

G 為英文單字 Granularity 的簡寫，意思為設定段界限的單位，G 的意義如下表所示：

位元	意義
G	段界限的單位 G=0，1 位元組（段擴展為 1B~1MB） G=1，4KB（段擴展為 4KB~4GB）

≫ 5-6 GDT 與 LDT 的基本結構

前面，我們講過了段描述符號：

GDT

GDT[0]	GDT[1] 1號段描述符號 重慶西路一段	GDT[2] 2號段描述符號 忠孝南路二段

如果把多個段描述符號給連續地放在一起，就形成了 GDT。

GDT 的英文全名是 Global Descriptor Table，中文名稱為通用描述元表或者是全域描述符號表，為什麼叫全域呢？主要是因為這張表的適用對象是軟體與硬體，是屬於公有的表。

LDT 的英文全名是 Local Descriptor Table，中文名稱為局部描述符號表，為什麼叫局部呢？主要是因為這張表的適用對象是各自的工作，是屬於私有的表。

GDT 是為了保護模式而設計，因此在進入保護模式之前，就必須得事先創建好 GDT，而 LDT 是為了作業系統多工而設計，因此，每一個工作都會有屬於自己私有的段，這樣一來，每個工作與工作之間都可以互相隔離，進而達到作業系統的多工。

≫ 5-7 選擇子（選擇器）的基本結構

選擇子的結構如下所示：

15~3	2	1~0
Index	TI	RPL

選擇子當中，各個位元的意義如下所示：

(1) RPL：特權等級，目前有 0、1、2 與 3 等四種特權等級

(2) TI：為 Table Indicator 的縮寫，TI 的意義如下表所示：

位元	意義
TI	在何處索引 Index TI =0，在 GDT 中 TI =1，在 LDT 中

(3) 3~15 位：Index，為描述符號的索引

接下來讓我們來看看如何從選擇子當中來找出索引，請看下面的兩個例子：

1. 假如選擇子是 10H，則把 10H 給轉換成二進位數字：

15	14	13	12	11	10	9	8	7	6	5	4	3	2	1	0
Index													TI	RPL	
0	0	0	0	0	0	0	0	0	0	0	1	0	0	0	0

其中：

(1) RPL：RPL 等於 00，因此特權等級的部分是 0 級

(2) TI：TI 等於 0，表示在 GDT 當中來進行索引

(3) Index：Index 等於 0000000000010 等於 2，因此索引就是 2

2. 假如選擇子是 5CH，則把 5CH 給轉換成二進位數字：

15	14	13	12	11	10	9	8	7	6	5	4	3	2	1	0
Index													TI	RPL	
0	0	0	0	0	0	0	0	0	1	0	1	1	1	0	0

其中：

(1) RPL：RPL 等於 00，因此特權等級的部分是 0 級

(2) TI：TI 等於 1，表示在 LDT 當中來進行索引

(3) Index：Index 等於 0000000001011 等於 11，因此索引就是 11

最後，Index 的數值一定要小於或等於 GDT（或 LDT）當中段描述符號的數量，換句話說，段描述符號的最後一個位元組一定要在 GDT（或 LDT）的界限之內，絕對不能越界，這種情況就跟高階語言當中的陣列的意思一樣，越界就算違規。

為了防止越界的情況出現，CPU 會做下面的運算：

GDT（或 LDT）的基底位址 + Index * 8 + 7 <= GDT（或 LDT）的基底位址 + GDT（或 LDT）的界限值

有了上面的公式，CPU 就能夠驗證越界的情況會不會出現，如果出現，則 CPU 會丟出例外。

5-8 GDTR 與 LDTR 的基本結構

GDTR 的英文名稱為 Global Descriptor Table Register，意思是專門指向 GDT 的暫存器：

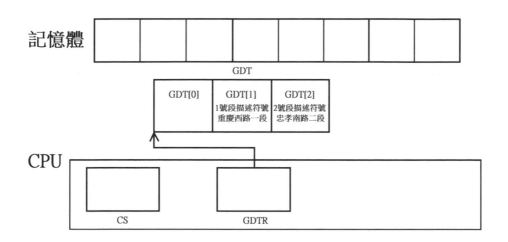

上圖中，GDTR 一共有 48 個位元，情況如下所示：

47~16	15~0
GDT 的起始位址（線性位址）	GDT 的界限值

讓我們分兩部分來解釋：

1. 0~15 位元的部分：這部分是 GDT 的界限值，單位是位元組，大小等於 GDT 的位元組大小減 1。

2. 16~47 的部分：這部分是 16~47 是 GDT 的起始位址。

GDT 的大小是 2^{16}= 65536 位元組，而每個段描述符號的大小是 8 個位元組，因此，GDT 當中最多可以放置的段描述符號總共有 65536/8=8192 個

接下來讓我們來看一下 GDT 與段描述符號之間的位址關係（以下為示意圖）：

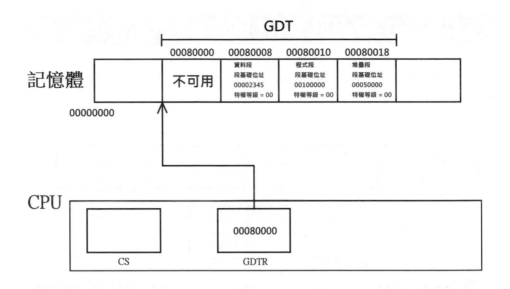

假如 GDTR 的起始位址是 00080000，這時候 GDTR 便會指向 00080000，再加上每一個段描述符號的大小是 8 個位元組，因此段描述符號在 GDT 當中的偏移位址便是 Index 乘上 8。

各位可以試著驗證一下：

GDT[0] 的位址就是索引 0 乘上 8 加上 00080000 等於 00080000
GDT[1] 的位址就是索引 1 乘上 8 加上 00080000 等於 00080008
GDT[2] 的位址就是索引 2 乘上 8 加上 00080000 等於 00080010
GDT[3] 的位址就是索引 3 乘上 8 加上 00080000 等於 00080018

在上面的計算當中，十進位數字 16 等於十六進位數字 10，而十進位數字 24 等於十六進位數字 18，所以：

GDT[2] 的位址就是 00080000 + 10 = 00080010
GDT[3] 的位址就是 00080000 + 18 = 00080018

注意，上面的計算方式一定都是一個基礎位址加上偏移量。

LDTR 的英文名稱為 Local Descriptor Table Register，LDTR 裡頭所存放的是一個選擇子，GDT 與 LDT 在本質上相同，但 GDTR 與 LDTR 在設計上卻不相

同，主要是因為 LDT 被看成是一個具有特權等級的段，不但如此，LDT 還會被登記進 GDT 當中，之所以會這樣設計，就是避免其他的工作可以來任意地存取 LDT，情況如下圖所示：

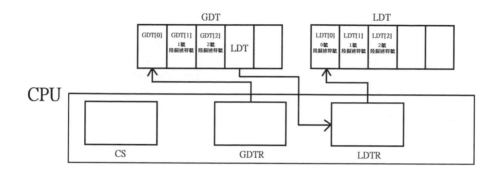

與 GDT 不同的是，LDT 的索引可以從 0 號來開始。

≫ 5-9 控制暫存器的基本結構

控制暫存器 CRx 是一個系列性的暫存器，其中跟保護模式最有關係的暫存器就是 CR0 暫存器，而 CR0 暫存器的結構如下所示：

低 16 位元						
15~6	5	4	3	2	1	0
	NE	ET	TS	EM	MP	PE

高 16 位元						
31	30	29	28~19	18	17	16
PG	CD	NW		AM		WP

CR0 是 32 位元的暫存器，礙於書本的寬度限制，我只好把 CR0 給分別地畫出低 16 位元暫存器與高 16 位元暫存器，讀者可以自己自行把高 16 位元與低 16 位元給完整地結合起來，這樣就是一個完整的 CR0 暫存器。

在 CR0 暫存器當中，第 0 位的 PE（Protection Enable）位是我們所要關注的主題，因為 PE 位的數值告訴了我們保護模式是否開啟，讓我們用個表來表示：

位元	意義
PE	保護模式是否開啟 PE =0，沒有開啟保護模式 PE =1，開啟保護模式

當 PE=0 之時，沒有開啟保護模式，此時便會在真實模式底下來運行。

06

Chapter

從組合語言邁向作業系統
的初步暖身 - 頁處理

⟫ 6-1 前言

前面，我們已經講過了保護模式至少得經過段處理與頁處理這兩道手續，段處理的基本概念我們已經講完了，接下來我們要討論的是頁處理，而講到頁處理，就必須得知道什麼是分頁，其實分頁的基本概念我們已經在《計算機組成原理：基礎知識揭密與系統程式設計初步》一書當中稍微有提了一下，當時，我對分頁所用的解釋方式非常陽春，主要是礙於時空環境，因此才不得不使用這麼陽春的方式，但現在不一樣了，由於我們已經學會了 8086，因此接下來對於分頁的討論就會比較深刻，請各位跟我們一起走吧！

⟫ 6-2 分段的基本概念

在講分段之前，讓我們先來看看這個問題，假設現在有甲、乙與丙三道程式正在記憶體裡頭，圖示如下所示：

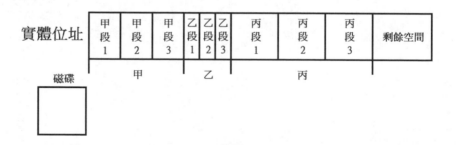

每個運行中的程式（也就是行程）被分成了三段，且不同的行程被切割出來的段大小也不一樣，讓我們用個表來呈現：

程式名稱	程式大小	每段大小
甲	120MB	40MB
乙	45MB	15MB
丙	150MB	50MB

以上的程式大小與每段大小全都是假設，另外還有剩餘空間是 60MB。

假如這時候乙執行結束，並從記憶體當中移出，而此時有個 75MB 大小的丁想要進入實體位址空間裡頭去：

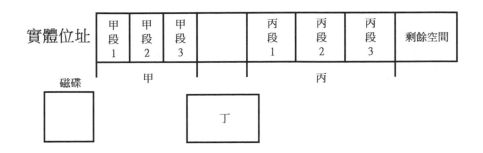

由於乙移出實體位址空間之後所剩下的實體位址空間只有 45MB，而 45MB 是放不了 75MB 的丁，另外還有個剩餘空間也只有 60MB 而已，但 60MB 的剩餘空間也放不了 75MB 的丁，那這時候該怎麼辦呢？

這時候有兩種辦法：

1. 等實體位址空間當中的其他行程執行結束，之後視實體位址空間的情況安排把丁給放進實體位址空間裡頭去，例如等甲或丙之一執行完畢，之後便把丁給放進實體位址空間裡頭去。

2. 把甲段 3 或丙段 1 給抽出來，並且放進磁碟裡頭去做存放，這樣就能夠騰出一部分的實體位址空間出來，但前提是甲段 3 與丙段 1 並不常用或者是很少再被取用，要是被取出之後，若還要再被使用，屆時從磁碟當中把段給換回實體位址空間裡頭去即可。

如果是甲段 3 被取出來的話，丁可以被放進去：

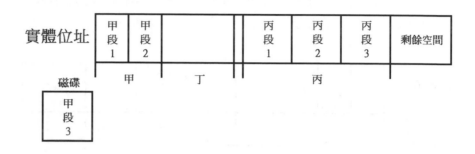

如果是丙段 1 被取出來的話，丁也可以被放進去：

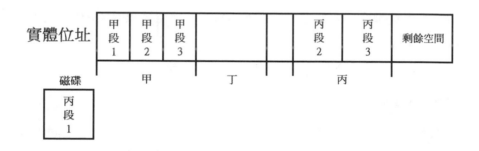

也就是說，段有換出與換入的情況：

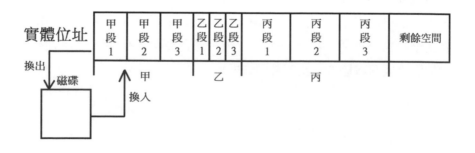

那為什麼可以對段來執行換出或換入呢？這就涉及到段描述符號了，讓我們來回顧一下段描述符號的結構：

高 32 位元										
31~24	23	22	21	20	19~16	15	14~13	12	11~8	7~0
Base Address 31~24	G	D/B	L	AVL	Segment Limit 19~16	P	DPL	S	TYPE	Base Address 23~16

低 32 位元	
31~16	15~0
Base Address 15~0	Segment Limit 15~0

段描述符號當中的位元都有其意義，而針對這裡的學習，我們只需要看兩個地方，分別是位元 P 與位元 A：

P：Present 的簡寫，其意義如下表所示：

位元	意義
P	段是否存在於記憶體當中 P=0，不存在（此時 CPU 拋出例外） P=1，存在

位元	意義
A	表示 CPU 對段是否已存取過（Accessed） A=0，未存取 A=1，已存取

有了上面的表格之後，接下來就讓我們來看看把段從磁碟當中給移入進記憶體之內的流程，由於把段從磁碟當中給移入進記憶體，這就表示段不在於記憶體當中，因此此時的 P=0，之後進行下面的流程：

1. CPU 拋出 NP 例外（NP 例外就是段不存在例外）
2. 呼叫 NP 例外所對應到的中斷

3. 執行 NP 例外所相對應到的中斷服務程式（這部分由作業系統來處理）

4. 把要載入進記憶體的段從磁碟當中給載入進記憶體裡頭去（這部分是中斷服務程式的工作）

5. 此時將 P 設定為 1，也就是 P=1，表示段已經存在於記憶體當中

6. 中斷服務程式處理完畢

7. CPU 重複檢驗 P 位

8. 檢驗完畢後 CPU 將 A 設定為 1，表示 CPU 已經存取過

CPU 會對 A 位元來設定成 1，至於清除 A 位元成 0 的工作則是由作業系統來完成，為什麼 CPU 與作業系統之間會有如此的默契呢？主要是因為當 CPU 把 A 設定成 1 之時，表示 CPU 已經對段來存取過，如果時間一長，便可以發現到哪些段比較不常用，而比較不常用的段則是會被丟進磁碟裡頭去，接著作業系統把 P 給設置成 0，如果之後還要存取被換入進磁碟的段，則是會執行把段從磁碟當中給移入進記憶體之內的流程。

最後，分段雖然可以解決記憶體的使用效率，可是卻出現了破碎問題，例如當下圖當中的甲段 3：

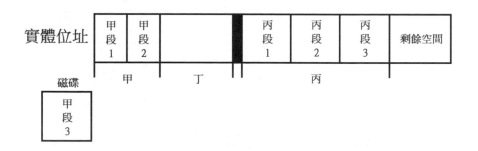

以及丙段 1 被丟進磁碟去之後：

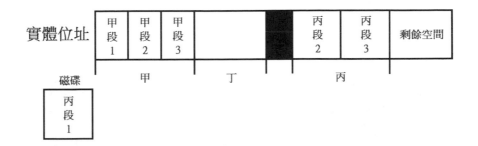

都出現了破碎問題（也就是圖中塗黑的部分），破碎依然是記憶體當中沒有
被使用到的地方，至於破碎情況該怎麼改善呢？答案就在於我們之後所要講
的分頁。

≫ 6-3 對蛋糕做等比例的切割到盤子上

在講解分頁之前，先讓我們來點輕鬆的話題，各位都有切過蛋糕，而蛋糕有
圓形也有長條形，假設我們現在買了一條長條形的蛋糕，但由於來慶生的人
很多，為了公平起見，就必須把蛋糕給按照等比例來切割成小蛋糕，切割完
之後把小蛋糕給放到盤子上來讓賓客們享用，圖示如下所示：

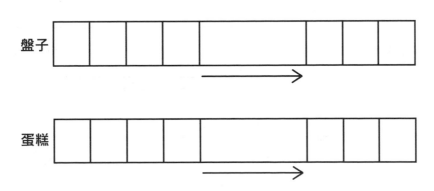

在上圖當中，上面是盤子，而下面是蛋糕，主人把蛋糕給切割成若干等分的小蛋糕之後，便隨意地把小蛋糕給放到盤子上，圖示如下所示：

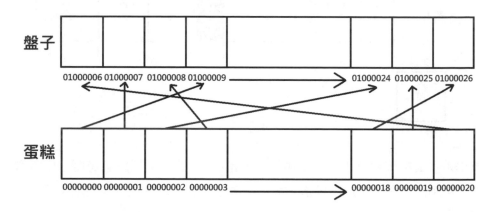

上圖中，只要能夠把蛋糕給切割成若干等分的小蛋糕，並且順利地把小蛋糕給放入盤子之內，哪一塊小蛋糕要對應到哪一片盤子那全都不重要，重要的是要把切割好的小蛋糕給確實地放到盤子上，各位說對嗎？

為了方便起見，我們還對小蛋糕與盤子分別上了號碼，而且號碼與號碼之間還可以互相對應，也就是說，一塊小蛋糕號碼會對應到一片盤子號碼，例如說 00000002 的小蛋糕對應到 01000024 的盤子，當然啦！其實你也不一定得用像是 00000000 這樣子的號碼，你也可以使用編號，例如某號小蛋糕與某號盤子，像這樣：

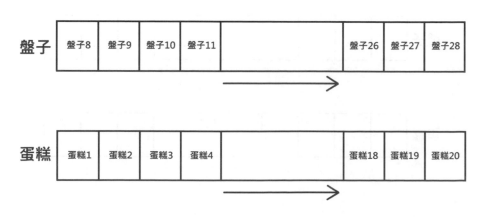

其實號碼也好，編號也罷，那全都是為了方便解說而設，只要能夠把蛋糕給切割，並且把小蛋糕給順利地丟進盤子裡頭去，你要用號碼或編號全都可以。

≫ 6-4 分頁的基本概念 1

上一節，我們講了切蛋糕的故事，而本節，我們則是要沿用上一節所學習到的基本觀念來對應到電腦上，首先，讓我們回到蛋糕與盤子的圖：

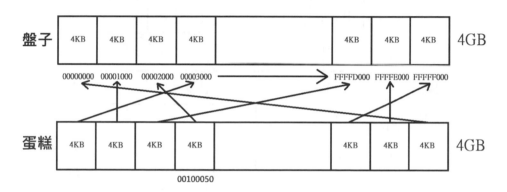

現在，我們要把上面的圖給轉換成電腦，情況如下圖所示：

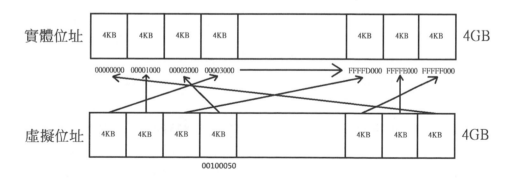

從上面那兩張圖之間的轉換裡頭我們可以發現到，虛擬位址空間與實體位址空間全都被切割成固定大小的空間，這就好比蛋糕跟盤子全都被切割成一樣

的大小，而虛擬位址空間當中一格一格的部分我們就稱之為頁，而每一個頁則是會被丟進實體位址空間當中。

之所以會這樣做，主要就是為了解決最前面所講到的破碎問題，讓我們先回到分段，分段與分頁這兩者之間有一種非常微妙的關係，最主要的關鍵就在於，當分頁機制開啟之後，分頁機制會把大小不同的段（線性位址空間）給切割成大小相同的頁（虛擬位址空間），讓我們用張圖來看之後就全部明瞭了：

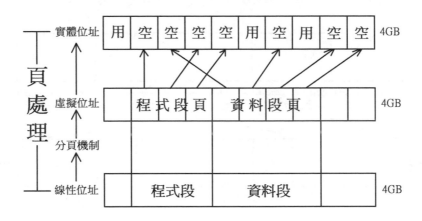

上圖告訴我們幾個重點：

1. 實體位址空間、虛擬位址空間以及線性位址空間的大小全都是 4GB。

2. 實體位址空間可以放置程式以及系統的相關資源。

3. 線性位址經過分頁機制之後，線性位址會轉變成虛擬位址，最後再把虛擬位址給轉換成實體位址。

4. 位於線性位址空間當中大小不同的程式段與資料段，在經過分頁機制之後則是會被切割成大小相同的頁，而頁則是位於虛擬位址空間當中。

5. 實體位址空間當中的空間有標示「用」與「空」這兩個地方，「用」的部分表示實體位址空間已經被佔用，而「空」的部分則表示實體位址空間還沒有被佔用，而分頁只能往實體位址空間當中「空」的地方來做存放（或講對應，英文名稱為 map）。

》 6-5 分頁的基本概念 2

了解了前面的內容之後，接下來讓我們對分頁來做個更基本的認識，還是回到下圖：

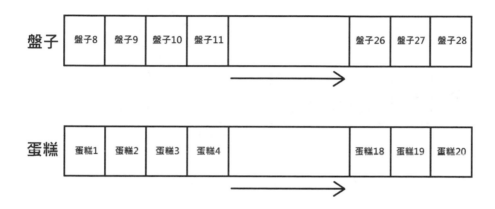

我們都知道，蛋糕的長度相當有限，例如說 100 公分好了，以上面的情況來說，一條 100 公分的蛋糕被切割成了 20 塊小蛋糕，因此每一塊小蛋糕的大小就是 5 公分，情況如下圖所示：

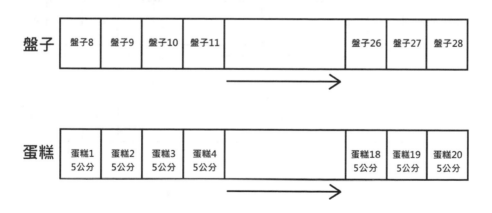

由於每一塊小蛋糕最終要被丟進盤子裡頭去，所以我們也可以知道每一片盤子的大小也一定是 5 公分：

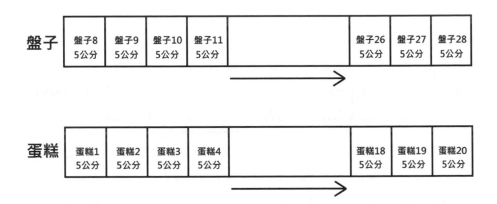

如此一來，5 公分大小的小蛋糕便可以被丟進 5 公分大小的盤子裡頭去，你看這樣安排是不是剛剛好？

讓我們回到電腦，電腦的情況也是一樣，只是説，盤子與蛋糕的長度是 4GB，而每一塊小蛋糕與每一片盤子的大小是 4KB：

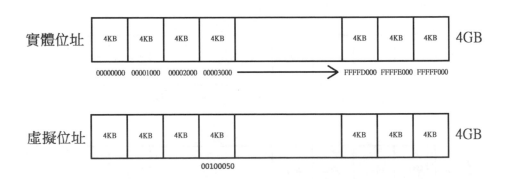

虛擬位址空間會以每 4KB 的大小來做切割，換句話說，每一頁（每一塊小蛋糕）的大小就是 4KB，如果把頁給丟進實體位址空間裡頭去的話，那情況就會是這樣：

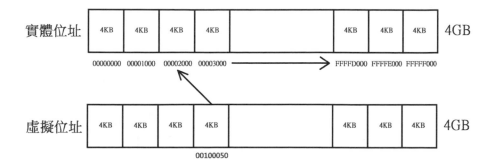

上圖中，虛擬位址 00100050 對應到實體位址空間當中 00002000 的地方。

各位可以想想，一條長度為 4GB 的蛋糕，要以每 4KB 的大小來做切割，那一共可以切出多少塊小蛋糕呢？答案是：

4GB 除以 4KB=1MB 個小蛋糕 =1048576 個小蛋糕

回到電腦，如果要計算頁的數量的話，那情況則會是這樣：

4GB 除以 4KB=1MB 個頁 =1048576 個頁

至於這高達上百萬的頁的處理方式，就留待我們下回分曉。

≫ 6-6 分頁的基本概念 3

在前面，我們曾經講了對一條長度為 4GB 的長條形蛋糕，依照每 4KB 的大小來做切割，而切割出來的結果則是有 1048576 個小蛋糕，回到電腦，如果是計算頁的數量的話，則頁會高達 1048576 個，你說這高達上百萬個頁（或小蛋糕）你要怎麼處理？當然是要使用個適當的管理辦法來做處理，你說對嗎？當然是。

我們先不要把事情給想得太複雜，簡單來說，這高達上百萬的頁（或小蛋糕）用最簡單的方式來管理的話，那就是用張表來管理便是最簡單不過的了，但在此之前我們先不要去想那上百萬個頁（或小蛋糕），先來 20 個就

好，圖示如下所示：

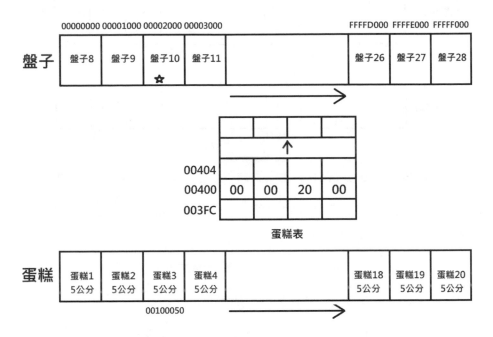

上圖中，蛋糕表被分成了 20 列（我們規定縱為行，橫為列）：

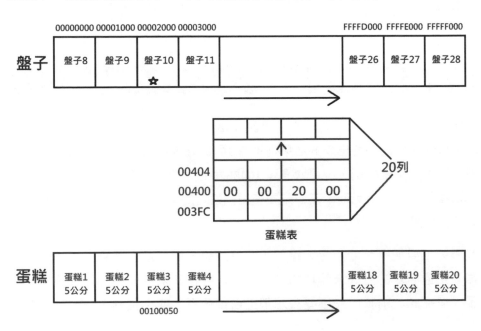

蛋糕 3（也就是小蛋糕）的位址 00100050 會對應到蛋糕表的索引 00400，並且從 00400 那裡取出位址 00002000，而 00002000 這個位址就是盤子的真實位址，換句話說，蛋糕 3 是要被放進位於 00002000 的盤子當中：

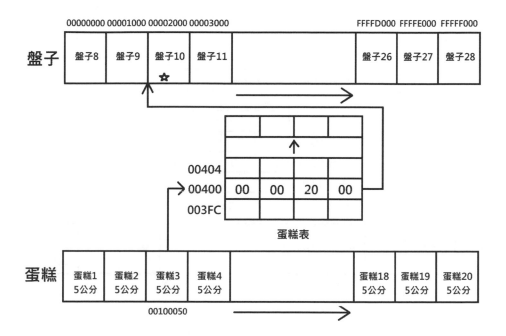

但是呢，放歸放，至於我要從哪裡開始切，那又是另外一回事，例如說我想從 00002050（如下圖中打星號之處）的地方來開始切的話那也可以：

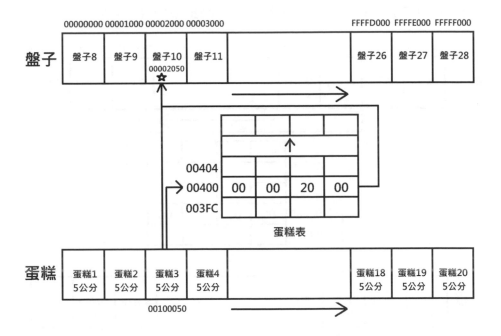

從上面的學習當中我們知道，蛋糕 3 的位址 00100050 被分成了兩部分，一部分相當於索引，而這索引是對蛋糕表的索引，而從索引當中我們可以得到盤子的真實位址，至於另一部分則是偏移，偏移的部分則是告訴我們蛋糕是要從哪裡來開始切。

回到我們的電腦：

故事名詞	專有名詞	英文全稱	英文簡寫
蛋糕表	頁表	Page Table	PT
蛋糕表當中的每一列格子	頁表項目	Page Table Entry	PTE

如果看蛋糕的話就是：

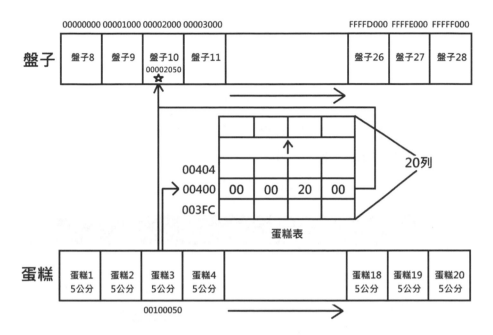

如果是電腦的話就是：

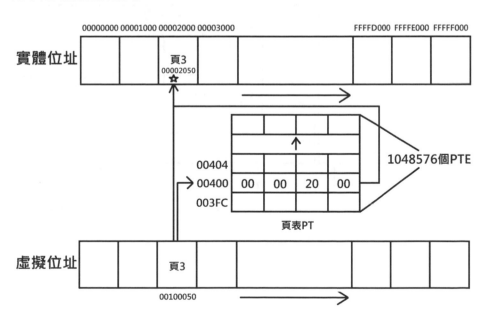

在此要注意的是：

1. 線性位址（虛擬位址）00100050 被拆成兩部分，一部分是索引，而另一部分則是偏移
2. 每一個 PTE 的大小是 4 個位元組，儲存的是實體位址，例如索引 00400 這一列的 PTE 裡頭存放著實體位址 00002000

上面的講解僅止於一個基本概念而已，距離真實情況還有一段距離，在此各位暫時只要知道這個基本概念就好。

≫ 6-7 分頁的基本概念 4

上一節，我們把下圖給做了出來：

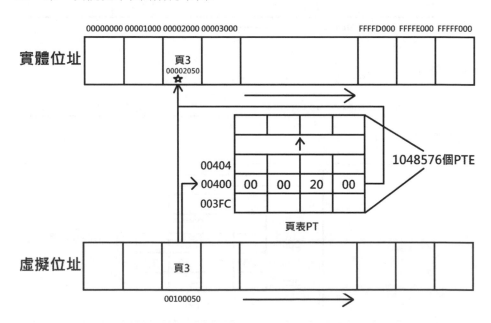

上圖的分頁方式，我們稱為一級分頁，不過各位有沒有發現到一個問題，那就是一級分頁有個麻煩，這個麻煩就是頁表 PT 的列數也就是頁表項目 PTE 會高達 1048576 個，這樣一來，會把頁表 PT 給拖得很長，怎麼辦？各位都有看書的經驗，都知道書的開頭處會有個目錄，而這個目錄會指向書中的某一頁，最後我們則是從書中的某一頁當中的某一段來開始讀起，照這個想法來處理的話，事情可能會比較好做，讓我們來看看下圖：

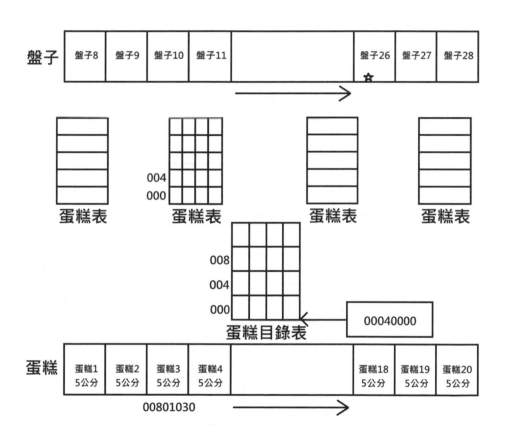

接下來我們要從上圖開始，把最後要切蛋糕的地方（也就是書中的某一頁當中的某一段）給求出來。上圖中要注意的是，00040000 會指向蛋糕目錄表的起始位址，而蛋糕目錄表會以每 4 個格子為一組來形成一個偏移，也

就是：

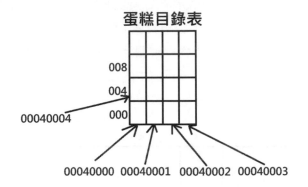

1. 首先，取得蛋糕 3 位於蛋糕目錄表當中的索引 008，正確位址是 00040008：

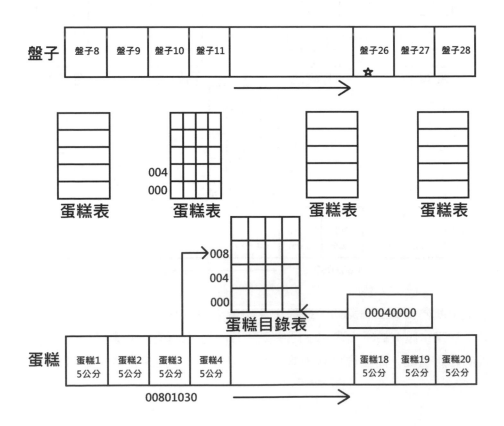

2. 從索引當中來取得蛋糕表的位址 07000000：

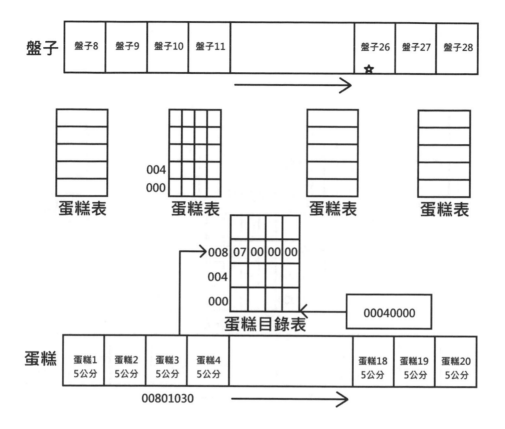

3. 從蛋糕目錄表當中出發，指向蛋糕表 07000000：

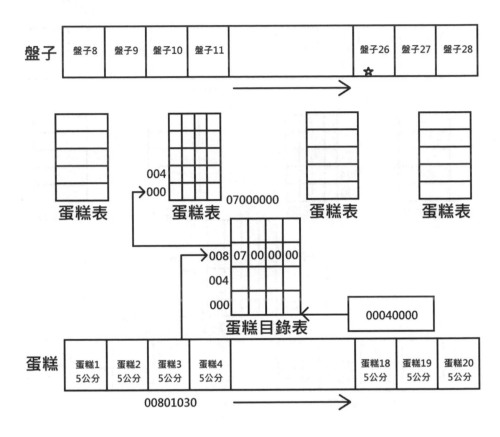

注意，這時候 07000000 會指向蛋糕表的起始位址：

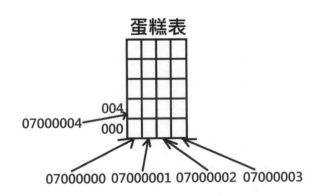

4. 從蛋糕表當中來取得索引 004：

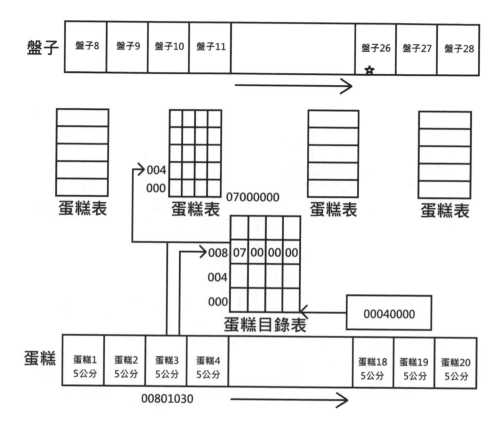

5. 從索引 004，正確位址是 07000004 當中來取得盤子的位址 00A00000：

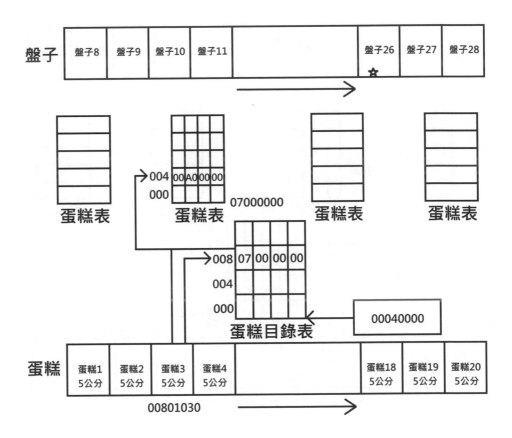

6. 找出盤子的位址 00A00000：

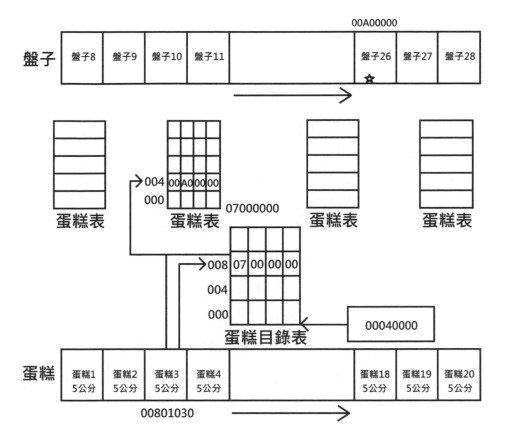

7. 指向盤子的位址 00A00000：

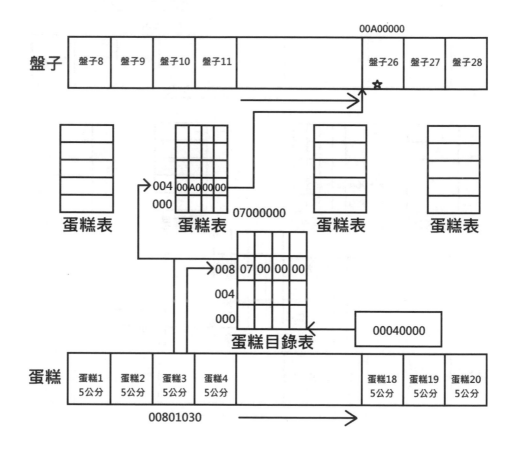

8. 找出實際要切蛋糕的地方 00A00030：

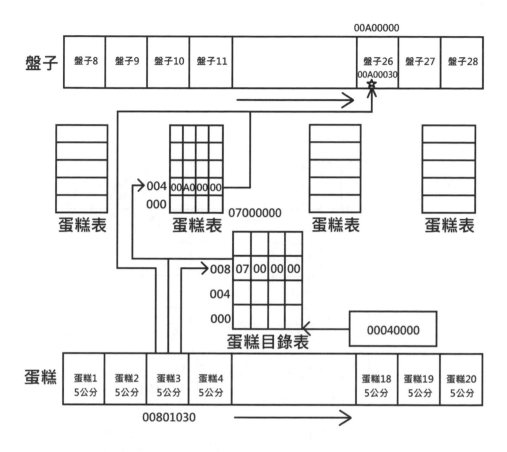

以上的流程比較複雜，但至少我們不用一次去面對 20 塊小蛋糕，只要從蛋糕目錄表來處理，這樣比較省事，而上面的情況我們就稱為二級分頁，現在讓我們回到電腦：

故事名詞	專有名詞	英文全稱	英文簡寫
蛋糕目錄表	頁目錄表	Page Directory Table	PDT
蛋糕目錄表當中的每一列格子	頁目錄項	Page Directory Entry	PDE

1. 頁目錄表：頁錄目表 PDT 裡頭存放的是 1024 個頁目錄項 PDE，而 PDE 裡頭存放的是「頁表」的實體位址，所以這時候頁目錄表當中的頁目錄項會指向頁表

2. 頁表：每一張頁表裡頭存放的是 1024 個頁表項目，也就是「頁」的實體位址。

圖示如下所示：

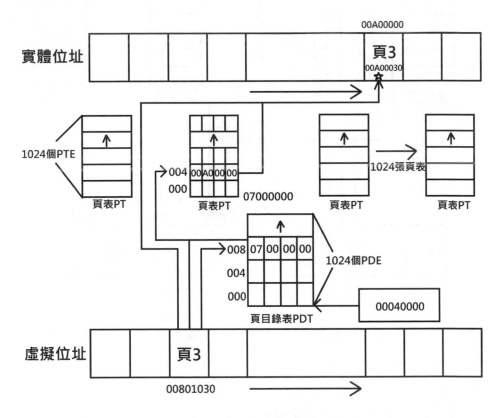

以上，就是二級分頁。

⟫ 6-8 一級頁表的簡單範例

本節要來學習的是對一級頁表的實際練習，假設現在有個虛擬位址 00100050，並開啟了分頁機制，接下來，我們要透過一連串的流程來取得實體位址，怎麼做？

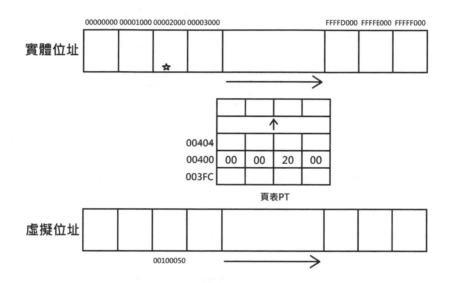

過程如下：

1. 把 32 位元的線性位址（虛擬位址）00100050 給拆分成高 20 位元與低 12 位元，其中高 20 位元為索引，低 12 位元為偏移：

00100050	
高 20 位元	低 12 位元
索引 00100	偏移 050

2. 對 00100 乘上 4 為 00400，然後把 00400 給當成索引，而從頁表 PT 的索引當中我們可以得到頁實體位址 00002000：

索引	頁實體位址
00400	00002000

圖示如下所示：

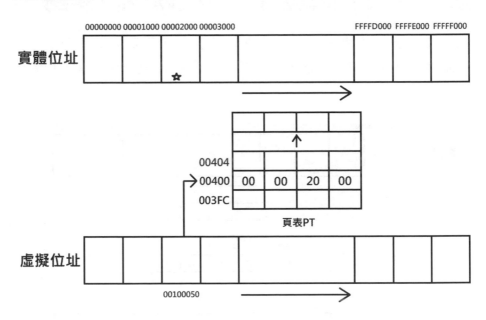

3. 接著把 00002000 給對應到實體位址空間當中：

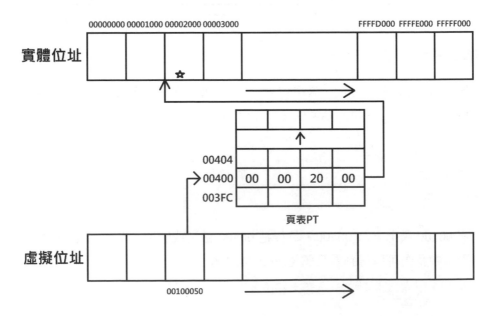

4. 至於實際要存取的實體位址，就是頁實體位址加上低 12 位元的偏移，也就是 00002000+050=00002050，圖示如下所示：

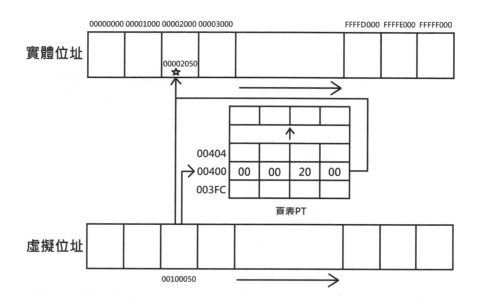

最後，由於一個頁有一個頁表項目，因此整個 4GB 的空間裡頭會有 1048576 個頁，換句話說會有 1048576 個頁表項目 PTE，圖示如下所示：

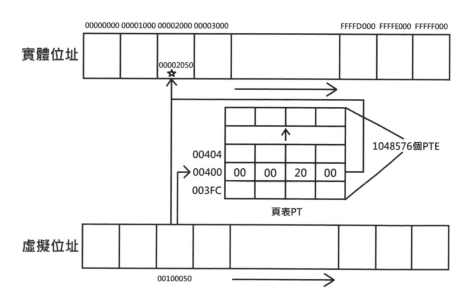

如果現在有兩個行程，而這兩個行程的虛擬位址空間都是 4GB，且虛擬位址都一樣，但此時這兩個行程所分配實體位址空間的頁位址一定會不同，舉例來說，假設現在有 AB 兩個行程，且虛擬位址與頁實體位址之間的關係如下表所示：

行程	虛擬位址	頁實體位址
A	0040000	00300000
B	0040000	00001000

上表中，兩個行程的虛擬位址縱使相同，但由於其所對應到的頁實體位址都不會相同，因此，把頁給載入進實體位址空間裡頭去的時候，也不會因此而發生擦撞甚至是覆蓋的行為出現。

≫ 6-9 二級頁表的簡單範例

本節要來學習的是對二級頁表的實際練習，假設現在有個虛擬位址 00801030，並開啟了分頁機制，接下來，我們要透過一連串的流程來取得實體位址，怎麼做？

1. 把 32 位元的線性位址（虛擬位址）00801030 給拆分成高 10 位元的頁目錄索引、中 10 位元的頁表索引與低 12 位元的頁內偏移：

線性位址（虛擬位址）00801030							
0	0	8	0	1	0	3	0
高 10 位元			中 10 位元		低 12 位元		
0 0 0 0 0 0 0 0 1 0		0 0 0 0 0 0 0 0 0 1			0 0 0 0 0 0 1 1 0 0 0 0		
頁目錄索引			頁表索引		頁內偏移		

2. 取 00801030 的高 10 位元也就是 0000000010，0000000010 的十六進位數字為 002，而 002 則是頁目錄索引

3. 把頁目錄索引 002 乘上 4 之後得到 008：

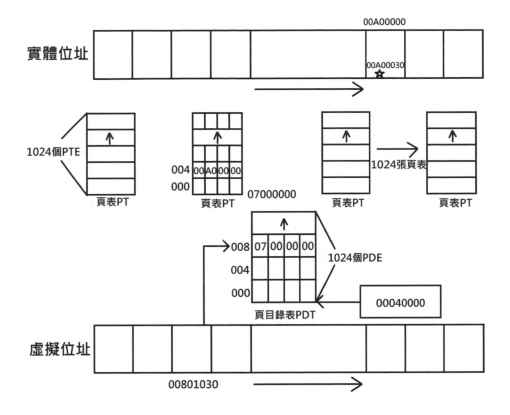

4. 從 008 當中來取得頁表 PT 的起始位址 07000000，並指向頁表 PT 的起始位址：

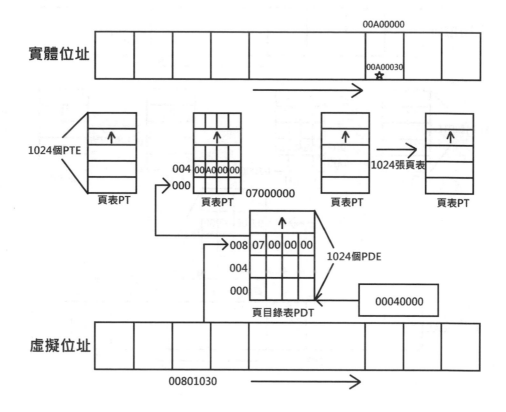

5. 計算線性位址當中的中 10 位元 0000000001，也就是頁表索引 001

6. 把 001 乘上 4 為 004

7. 從 004 也就是 07000004 當中來取得頁的實體位址 00A00000：

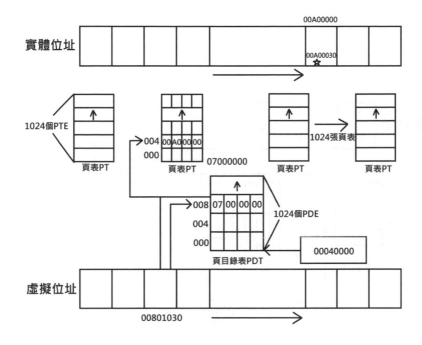

8. 取出頁的實體位址 00A00000 之後並指向：

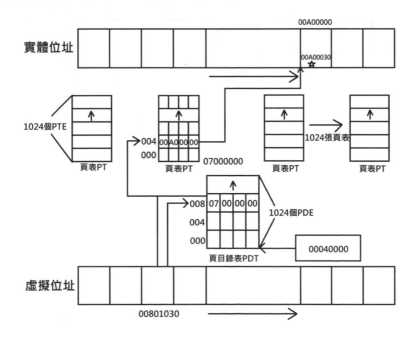

9. 計算線性位址當中的低 12 位元 000000110000，也就是 30，並把 30 給取出來

10. 把頁的實體位址與頁內偏移相加，也就是 00A00000+30=00A00030

11. 而最後的實體位址 00A00030 就是要存取的地方：

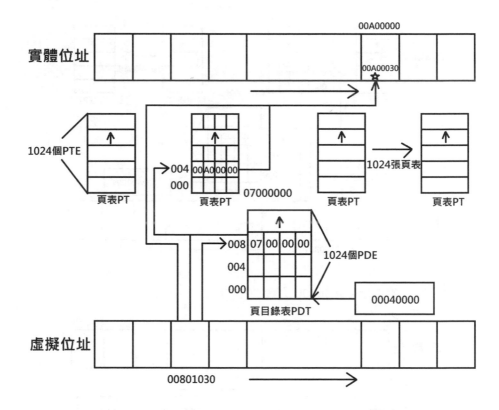

以上就是位址換算的整個流程，計算時二進位與十六進位時各位可以使用小算盤來輔助計算。

≫ 6-10 保護模式圖解

過前面的學習之後，在此，我們要用張圖來把前面的知識點給統合起來：

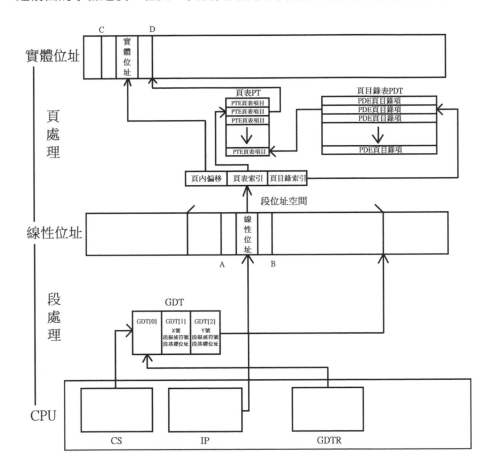

從上圖中可以看到，段處理的部分不變，但頁處理的部分越來越複雜。

07

Chapter

從組合語言邁向作業系統的初步暖身 - 多工處理

≫ 7-1 多工的基本概念

在講解多工之前，讓我們先來回顧一下行程，行程就是指正在運行中的程式，而依照環境的不同，行程又會有以下不同的名稱，以下參考自維基百科：

1. 整批系統環境，此時的行程稱為工作（Jobs）
2. 分時系統環境，此時的行程稱為使用者程式（User Programs）或任務（Tasks）
3. 在多數情況之下，工作與行程是同義詞

程式主要是由指令與資料所構成，當程式運行時，便會執行程式的一個副本，而這副本，我們就稱之為任務，而這任務不一定只能有一個，任務可以有很多個，以下面的情況來說，我就開啟了五個小畫家：

這時候的多任務也可以被稱為多工，是指作業系統同時處理多個程式的一種技術。

從上圖中各位可以發現，雖然我開啟了五個小畫家，但這五個小畫家卻可以順利運行，彼此之間不會打架，為什麼呢？答案就在於我們接下來要講的 LDT。

從前面的學習當中，我們一直假設所有程式的段描述符號都放在 GDT 當中，但在真實情況之下，事情卻不是這樣。

每一個任務都有個像 GDT 那樣的表，而那樣的表我們就稱為 LDT，前面說過，LDT 的適用對象是各自的工作（或任務），是屬於私有的表，而有了 LDT 之後，每個任務與任務之間便有了隔離的情況出現，誰也不干擾誰，所以這也是為什麼上面那五個小畫家可以順利運行，誰也不干擾誰，情況如下圖所示：

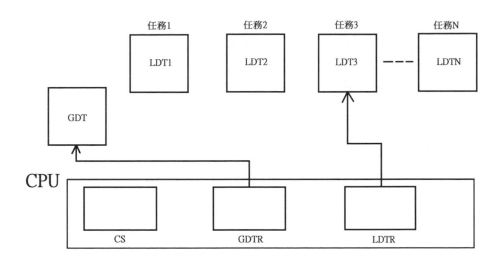

LDT 和 GDT 是一樣的東西，LDT 裡頭也有段描述符號以及段基礎位址等，差別只在於，LDT 只屬於某個任務，另外要注意一點，LDT 的索引可以從 0 號開始，但 GDT 不行。

某個任務正在執行時，LDTR 便指向那個任務的 LDT，而如果要切換任務時，只要更改 LDTR 之後，便可以切換任務，最後指向新任務的 LDT，例如下圖中把任務 3 給切換到任務 2 的情況：

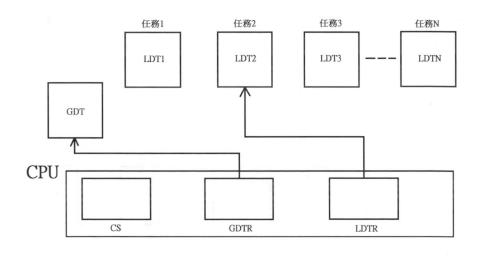

正因為如此，今日才有了多工作業系統。

至於 LDTR 的部分，其結構與 GDTR 一樣，具有起始位址（線性位址）與界限，藉此來表示 LDT 的位址與大小。

≫ 7-2 工作狀態段簡介

在講工作狀態段之前，讓我們先來討論一個名詞「掛起」。掛起是什麼意思呢？比方說你現在正在打遊戲 A，接著因為某些因素，作業系統的行程管理把遊戲 A 給暫停（suspend），並把遊戲 A 從前台給轉入到後台，像這種動作，我們就稱為掛起。

但這種轉入並不是絕對的，如果你需要繼續玩遊戲 A 的話，這時候把已經掛起的遊戲 A 從後台給轉入到前台，接著從遊戲暫停的地方來繼續玩下去，也就是恢復遊戲的進行。

任務的切換其實就是一種掛起，但切換必須得考慮到一件非常重要的事情，那就是得把當前任務的現場狀態給保存下來，當下次還要再繼續執行該任務之時，便可以恢復該任務的現場狀態，接著繼續執行該任務，而對現場狀態

的保存就需要一個名為工作狀態段或者是任務狀態段（其英文名稱為 Task State Segment，簡稱為 TSS）的特殊區域，工作狀態段的結構如下所示：

31~16	15~0		Offset	State
I/O 映射基底位址	保留	T	100	靜
保留	LDT 段選擇子		96	靜
保留	GS		92	動
保留	FS		88	動
保留	DS		84	動
保留	SS		80	動
保留	CS		76	動
保留	ES		72	動
EDI			68	動
ESI			64	動
EBP			60	動
ESP			56	動
EBX			52	動
EDX			48	動
ECX			44	動
EAX			40	動
EFLAGS			36	動
EIP			32	動
CR3（PDBR）			28	靜
保留	SS2		24	靜
ESP2			20	靜
保留	SS1		16	靜
ESP1			12	靜
保留	SS0		8	靜
ESP0			4	靜
保留	前一個任務（TSS 段選擇子）		0	動

與前面的介紹一樣，TSS 是由 TR 暫存器來指向它，圖示如下所示：

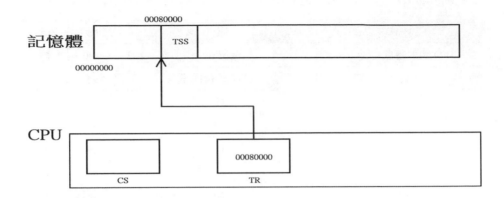

TSS 有兩種區域（表格中是以 State 來表示），分別是動態區域與靜態區域，當任務切換發生之時，CPU 會把現場狀態給保存在動態區域之內，因此 CPU 會對動態區域來進行更新，更新完之後 CPU 會存取靜態區域之內的資料，原則上靜態區域不會有什麼改變，而整個切換的過程則是如下所示：

1. CPU 把當前任務的現場狀態給存放在 TSS1 之內：

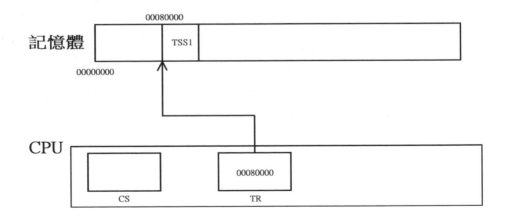

2. TR 指向新任務的 TSS，也就是 TSS2，並從 TSS2 當中來恢復狀態：

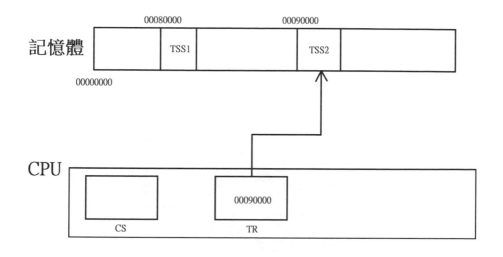

這樣一來任務便可以繼續執行下去。

≫ 7-3 分級保護域的應用 - 段部分

在講分級保護域在段處理的應用之前，讓我們先來回顧一下段描述符號以及分級保護域的基本概念，首先是段描述符號，其結構如下所示：

高 32 位元									
31~24	23	22	21	20	19~16	15	14~13	12	11~8	7~0
Base Address 31~24	G	D/B	L	AVL	Segment Limit 19~16	P	DPL	S	TYPE	Base Address 23~16

並且我還對 DPL 做了如下的解說：

DPL：是 Descriptor Privilege Level 的縮寫，意思為段描述符號的特權等級，特權等級分四種，分別是 0、1、2 與 3，其中 0 最大，3 最小。

注意，CPU 一進入保護模式之後，特權等級就自動設定為 0。

至於分級保護域的部分則是如下：

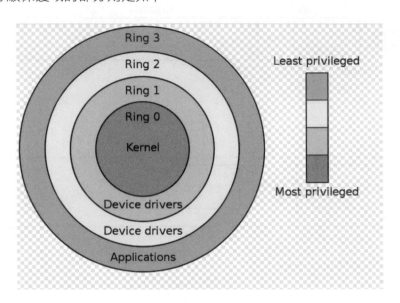

最後我還用了個表來整理 Ring 的號碼與對象：

號碼	對象
0	內核
1 與 2	驅動程式
3	應用程式

現在，我們要把上述兩者的基本觀念跟段給結合在一起，讓我們舉個簡單的例子，假設現在有一個資料段，而這資料段的 DPL 也就是特權等級為 2，這時候只有特權等級為 0、1 與 2 的程式才能夠去存取這個資料段，假如這時候有一個特權等級為 3 的程式去存取這特權等級為 2 的資料段的話，這時候的 CPU 便會阻止這特權等級為 3 的程式去存取這特權等級為 2 的資料段，阻止之後接著引發中斷，情況如下圖所示：

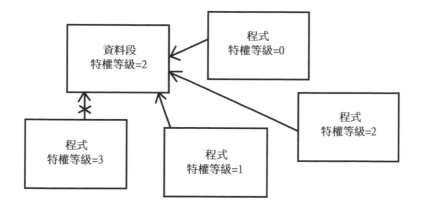

上圖中，打「x」的部分表示不允許（或非法存取）

≫ 7-4 分級保護域的應用 - 目前特權等級概說

目前特權等級，其英文名稱為 Current Privilege Level，簡稱為 CPL，其主要的意義為當 CPU 正在對程式段來擷取指令與執行指令之時，此時程式段所擁有的特權等級。

程式可以分為系統程式與使用者程式，在所有的系統程式當中，最重要的系統程式就是作業系統，由於作業系統可以存取電腦系統當中的一切資源甚至是修改資料，因此，作業系統的 CPL 一定是 0，換句話說，作業系統的目前特權等級最大。

但如果有一天你突然間心血來潮，想要寫一款名為《出氣筒》的遊戲，由於《出氣筒》這款遊戲是屬於使用者程式，因此，《出氣筒》的 CPL 就是等於 3。

也許你會說，這不公平，為什麼作業系統的目前特權等級就可以為 0，而我寫的遊戲《出氣筒》其 CPL 就只能等於 3？各位可別忘了，程式能夠驅動甚至是改變電腦的行為，要是你這款《出氣筒》的 CPL 過大，假如為 0 也就是目前特權等級與作業系統相同的話，這時候你的這款《出氣筒》想對電腦幹

嘛就可以對電腦幹嘛，危險性非常之高，為了避免你輕易地修改電腦當中的資源或者是重要資料，沒辦法，你所設計出來的《出氣筒》其 CPL 就只能是等於 3。

最後補充一點，不同 CPL 的程式，它們所負責的工作也不會相同，剛剛已經說到，電腦的行為只靠些程式（或者說是指令）就能夠被改變（或修改），也因此，特權指令（Privilege Instructions）油然而生，它主要是 CPL 等於 0 之時才能夠執行的指令。

≫ 7-5 分級保護域的應用 - 輸入輸出特權等級概說

前面，我們已經對段以及程式都講解了特權等級，接下來我們要來講的特權等級是當下任務的輸入輸出特權等級，而輸入輸出特權等級的英文為：I/O Privilege Level，簡稱為 IOPL，要看輸入輸出特權等級，必須得從旗標暫存器 EFLAGS 當中來看，讓我們來看一下 EFLAGS 的結構：

EFLAGS 低 16 位元															
15	14	13~12	11	10	9	8	7	6	5	4	3	2	1	0
0		IOPL	OF	DF	IF	TF	SF	ZF	0	AF	0	PF	1	CF

EFLAGS 高 16 位元						
31~22	21	20	19	18	17	16
清 0，表示保留	ID					

其中，本節的主角 IOPL 便是在 EFLAGS 的第 12 與第 13 位當中。

之所以會有輸入輸出特權等級的設計，主要是考慮到電腦的外部設備都是透過 Port 來處理，也因此，才有了對 Port 來進行存取的權限。

⟫ 7-6 執行高特權等級的程式，卻不提升特權等級的方法 1

關於這件事情，讓我們用一個不是比喻得很好，但我卻已經盡量比喻的例子。

假設有一個國家，這個國家裡頭的官員可以分成若干等級，分別是：

1. 特權等級 0 的總統
2. 特權等級 1 的總理
3. 特權等級 2 的部長
4. 特權等級 3 的省長
5. 特權等級 4 的縣長
6. 特權等級 5 的市長
7. 特權等級 6 的鄉長

而我們知道，各縣市首長之間彼此都會互相交流或訪問對方，有一天，有一位市長（CPL=5）要去拜訪省政府（DPL=3），市長到了省政府之後，市長就只能參觀省政府當中，跟市長一樣或者是比市長特權等級小的辦公室，在此還要注意的是，進去省政府參觀之前則是需要申請許可權 RPL。

如果市長申請了許可權 RPL，假如 RPL=0，那這時候市長的特權等級就等同於總統，此時，市長便可以隨意參觀省政府辦公室當中的所有地方，當然，市長想幹壞事的話那也是可以的。

但話雖如此，實際上要做到這樣那可不容易，因為核發單位（作業系統核心）可是會檢查市長的特權等級，一但核發單位發現到市長所擁有的 RPL 不等於 5 的話，那這時候的核發單位便會把市長的 RPL 給調整成 5，這樣一來便不會有越權的情況出現。

看完了上面的故事之後，現在就讓我們回到我們的電腦，在段描述符號當中，TYPE 之內的非系統段的位元 C：

C	特權相依（Conforming） C=0，非一致性 C=1，一致性

等於 1 之時，特權等級低的程式會開始朝特權等級高的程式來進行存取的動作，而存取後的 DPL（省政府）必定會大於等於傳輸前的 CPL（市長），如果寫成數學公式的話，就是：

$$DPL <= CPL$$

這種設計方法很巧妙，CPU 在處理位元 C 的時候，是把 DPL（省政府）與 CPL（市長）拿來比較，也就是説，CPL（市長）本身是不會變的，這指出了存取這件事情是沒有提升特權等級，只是跑到特權等級較高的程式片段當中去執行程式，而在這整個流程當中，就是去執行高特權等級的程式，但卻不提升特權等級的一種方式。

最後補充幾點：

1. 有的控制轉移只會發生在特權等級相同的程式段之間。
   假如現在有兩個程式段 A 與 B，且 A 與 B 的特權等級都是 2，那這時候 A 與 B 之間可以進行控制轉移，但如果此時有其他的程式段 C、D 與 E，且這三個程式段的特權等級分別是 0、1 與 3 的話，則 A 或 B 誰都不允許轉移到程式段 C、D 與 E 去，也就是説，控制轉移只會發生在特權等級相同的程式段之間，之所以會造成這種現象的主因為程式段的特權等級在查核上非常嚴格。

2. 設定 C=1 之時，RPL（市長申請了許可權）並不會介入檢查。

3. 上述的方式只是一種方法，當然也可以使用門，而這部分，就讓我們下回分曉。

本小節參考出處：
本小節開頭的故事參考自網路上的文章而後修改，非本人所創。

≫ 7-7 執行高特權等級的程式，卻不提升特權等級的方法 2

在前面，我們透過對段描述符號中，TYPE 裡頭的位元 C 來設定，並藉此來達成了執行高特權等級的程式，卻不提升特權等級的方法，之所以會這樣做的目的不外有他，那就是萬一真的提升程式的特權等級，那到時候程式想幹嘛就幹嘛，這實在是太危險了，因此才有前面說過的那種方法，但話雖如此，方法卻不是只有一種，還有另一種方法也可以達到執行高特權等級的程式，卻不提升特權等級，而這種方法就是呼叫（或調用）門（或者稱為門描述符）來進行處理，而門的英文名稱則是為 Gate。

既然是調用門來處理，那我們就得知道什麼是門。所謂的門，就結構上來講就是指一段程式、一個任務又或者是一個例程等，而就用途上來說，不同的用途又有不同的門，讓我們用個表來做個歸納：

名稱	功能
工作門	任務切換時使用
呼叫門	呼叫函數時使用
中斷門	處理中斷時使用
陷阱門	處理中斷時使用

其中工作門又可以被稱為任務門，而呼叫門又可以被稱為調用門。

以上就是我們對於門的簡介，接下來，我們要分四個小節來一一地介紹上面的那四種門。

🖋 補充：

例程是系統對外界所提供的介面或服務的集合，例如作業系統的 API 函數、C++ Builder 所提供的標準函數或庫函數以及 DLL 的輸出函數（DLL 的例程）等等也全都是屬於例程。

≫ 7-8 工作門的簡介

工作門的結構如下所示：

工作門低 32 位元	
32~16	15~0
TSS 選擇子	未使用

工作門高 32 位元					
31~16	15	14~13	12	11~8	7~0
未使用	P	DPL	S	TYPE	未使用
			0	0 1 0 1	

工作門一共有 64 位元，由於版面因素，我把 64 位元給拆分成兩個 32 位元。

接下來讓我們用個表來歸納工作門：

名稱	描述
工作門的主要功能	實現任務切換
工作門的所在位置	在 GDT、LDT 以及 IDT 裡頭
對工作門呼叫的指令	call 以及 jmp
對工作門呼叫的參數	TSS 選擇子與工作門選擇子
參數呼叫方式	1. call + TSS 選擇子（工作門選擇子） 2. jmp + TSS 選擇子（工作門選擇子）

其中 IDT 是中斷描述符表。

⟫ 7-9 呼叫門的簡介

呼叫門的結構如下所示：

呼叫門低 32 位元	
32~16	15~0
選擇子	偏移量 1

偏移量 1 = 被呼叫例程在對象程式段內的偏移量的 0~15 位

選擇子 = 被呼叫例程位於程式段的描述符選擇子

呼叫門高 32 位元							
31~16	15	14~13	12	11~8		7	6	5	4~0
偏移量 2	P	DPL	S	TYPE		0	0	0	參數數量
			0	D	1	0	0		

偏移量 2 = 被呼叫例程在對象程式段內的偏移量的 16~31 位

D 是模式判斷，是個 0 與 1 的數值：

數值	模式
0	16 位元
1	32 位元

呼叫門一共有 64 位元，由於版面因素，我把 64 位元給拆分成兩個 32 位元。

接下來讓我們用個表來歸納呼叫門：

名稱	描述
呼叫門的主要功能	呼叫函數時使用
呼叫門的所在位置	在 GDT 以及 LDT 裡頭
對呼叫門呼叫的指令	call 以及 jmp
對呼叫門呼叫的參數	TSS 選擇子與工作門選擇子
參數呼叫方式	1. call + TSS 選擇子（工作門選擇子） 2. jmp + TSS 選擇子（工作門選擇子）

≫ **7-10** 中斷門的簡介

中斷門的結構如下所示：

中斷門低 32 位元	
32~16	15~0
選擇子	偏移量 1

偏移量 1 = 中斷服務程式在對象程式段內的偏移量的 0~15 位

選擇子 = 中斷服務程式對象程式段的描述符選擇子

中斷門高 32 位元									
31~16	15	14~13	12	11~8			7	6	5	4~0
偏移量 2	P	DPL	S	TYPE			0	0	0	未使用
			0	D	1	1	0			

偏移量 2 = 中斷服務程式在對象程式段內的偏移量的 16~31 位

D 是模式判斷，是個 0 與 1 的數值：

數值	模式
0	16 位元
1	32 位元

中斷門一共有 64 位元，由於版面因素，我把 64 位元給拆分成兩個 32 位元。

接下來讓我們用個表來歸納中斷門：

名稱	描述
中斷門的主要功能	處理中斷時使用
中斷門的所在位置	在 IDT 裡頭
對中斷門呼叫的指令	由中斷訊號來觸發調用，無法主動呼叫

≫ 7-11 陷阱門的簡介

陷阱門的結構如下所示：

陷阱門低 32 位元	
32~16	15~0
選擇子	偏移量 1

偏移量 1 = 中斷服務程式在對象程式段內的偏移量的 0~15 位

選擇子 = 中斷服務程式對象程式段的描述符選擇子

陷阱門高 32 位元								
31~16	15	14~13	12	11~8		7	6	5	4~0
偏移量 2	P	DPL	S	TYPE		0	0	0	未使用
			0	D	1	1	1		

偏移量 2 = 中斷服務程式在對象程式段內的偏移量的 16~31 位

D 是模式判斷，是個 0 與 1 的數值：

數值	模式
0	16 位元
1	32 位元

陷阱門一共有 64 位元，由於版面因素，我把 64 位元給拆分成兩個 32 位元。

接下來讓我們用個表來歸納陷阱門：

名稱	描述
陷阱門的主要功能	處理中斷時使用
陷阱門的所在位置	在 IDT 裡頭
對陷阱門呼叫的指令	由中斷訊號來觸發調用，無法主動呼叫

≫ 7-12 四門總論

從前面對於四門的學習當中我們可以知道，門的主要功能，不過，前面的介紹只是個簡介，在此，我們要把前面的四門給統合起來解說，讓我們對於這四門的理解能夠更加地深刻。

名稱	內容
工作門	工作門又被稱為任務門，主要處理的是任務之間的切換，使用方式如下所示： 1. 使用 call + TSS 選擇子（或工作門選擇子） 2. 使用 jmp + TSS 選擇子（或工作門選擇子） 3. 中斷發生，且中斷向量號為工作門
呼叫門	以呼叫函數（常式）的方式來完成低特權等級往高特權等級的存取，也可用於系統呼叫，使用方式如下所示： 1. 使用 call + 呼叫門選擇子（往高特權等級的存取） 2. 使用 jmp + 呼叫門選擇子（往同特權等級的存取）
中斷門	用 int 指令主動以中斷的方式來完成低特權等級往高特權等級的存取，主要用於作業系統的系統呼叫
陷阱門	用 int 3 指令主動以中斷的方式來完成低特權等級往高特權等級的存取，主要用於編譯器偵錯時使用

最後，讓我們對門來補充幾個重點：

1. CPU 會忽略指令中的偏移量

   CPU 在呼叫上面四門時，會忽略指令中的偏移量，例如呼叫某個門來說，其指令為：

   call 0x0012：0x3456

   此時的偏移量 0x3456 便會被 CPU 給忽略，原因是因為門中的資訊都已經是確定的物件。

2. 呼叫門、中斷門以及陷阱門都會對應到一段程式（或函數），而工作門則不會。

3. 存取者的特權等級不能低於門的特權等級（不然會出現「沒門」的情況）

4. 門只會讓跟門自己的特權等級相同或者是比門自己的特權等級還要來得高的程式來進行存取。

08

Chapter

從組合語言邁向作業系統
的初步暖身 - 中斷處理

≫ 8-1 保護模式底下的中斷

在前面，我們曾經從中斷向量表當中來尋找過中斷服務程式，而前面的情況是針對真實模式來說的，而現在，我們要針對的情況則是保護模式。

在保護模式底下，藉由中斷向量表來尋找中斷服務程式的情況已經不再使用，取而代之的是使用一種被稱為中斷描述符號表，英文名稱為 Interrupt Descriptor Table，簡稱為 IDT，並藉由 IDT 來處理整個中斷的流程。

與前面所介紹過的描述符號表一樣，中斷描述符號表也是一樣位於記憶體當中，並且也有個名為中斷描述符號表暫存器，其英文名稱為 Interrupt Descriptor Table Register，簡稱為 IDTR 來指向中斷描述符號表 IDT，圖示如下所示：

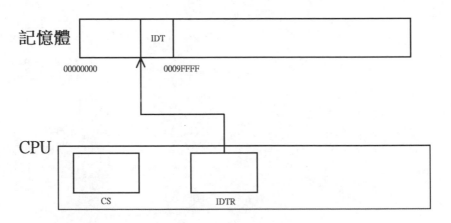

至於中斷描述符號表暫存器的結構如下所示：

中斷描述符號表暫存器	
47~16	16~0
IDT 的起始位址（線性位址）	IDT 的界限

在此要注意一點，在真實模式底下，中斷向量表 IVT 一定位於記憶體低端的 1KB 之處，但是在保護模式底下，中斷描述符號表 IDT 就不一定得位於記憶

體低端的 1KB 之處，也因此，中斷描述符號表暫存器裡頭記載者 IDT 的起始位址，而這起始位址，也是線性位址，表示 IDT 的位址就由暫存器 IDTR 來指向。

IDT 與前面所講過的 GDT 與 LDT 等都非常類似，只要 IDTR 指向 IDT，中斷的功能便可以工作。

由於快取的因素，IDT 的起始位址會被設計成 8 的倍數，也就是說起始位址能夠被 8 所整除，至於界線的部分，表的空間可以為 64KB。

不過請各位注意一下：

1. CPU 只能識出 256 種中斷，所以通常只用 2KB，至於其他的部分，也就是將描述符號的 P 給清零。
2. IDT 的第一個描述符號是可用的。

≫ 8-2 保護模式底下的中斷過程概說

保護模式底下的中斷比較複雜，讓我們來看張圖：

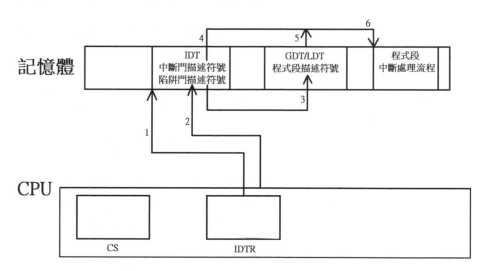

上圖中有六條線，這六條線的功能如下：

- 第一條線：IDTR 會指向 IDT，並劃出 IDT 的界線
- 第二條線：當中斷發生時，CPU 會把中斷向量號乘上 8，並以此結果來去存取 IDT，並以此來得到相對應的描述符號
- 第三條線：CPU 存取 GDT/LDT，並存取其中的程式段描述符號
- 第四條線：門描述符號的偏移量
- 第五條線：取出目標程式段的基底位址
- 第六條線：把門描述符號的偏移量與目標程式段的基底位址相加，最後便得到了中斷服務程式的 32 位元的線性位址

以上，就是保護模式底下中斷的大致流程，不過在此要補充兩點：

1. CPU 使用中斷向量來存取 IDT 之時，不能越界，如果越界，便會出現例外
2. 線性位址如果開啟分頁機制，則後續還得透過分頁機制來處理分頁，反之，如果沒有開啟分頁機制，則此時的線性位址就是實體位址

≫ 8-3 中斷與特權等級

我們在前面曾經介紹過中斷門與陷阱門，而這兩種門都是用於中斷，讓我們來回顧一下：

名稱	功能
中斷門	處理中斷時使用
陷阱門	處理中斷時使用

那時候提到中斷門與陷阱門，其用意主要是說明，執行高特權等級的程式，卻不提升特權等級，也因此，在保護模式底下，中斷與特權等級就這麼樣地被連結了起來，主要是因為，預防會有特權等級低的程式或軟體，進而透過軟中斷來存取特權等級高的程式或軟體。

中斷（或例外）也好，保護也罷，全都是 CPU 使用特權等級這種手段來進行的一種技巧。

CPU 對中斷或例外也會有特權等級上的管控，如果如果對方程式段描述符號的特權等級 DPL 小於現在的特權等級 CPL，也就是說如果 DPL 的數值大於 CPL 的數值，這時候就不能把控制轉移到中斷或者是例外處理程式上。

但話雖如此，事情終究還是有例外，這例外有兩個，以下就是：

1. 不對中斷門與陷阱門的 DPL 來進行審查
2. 不檢查 RPL

關於第一點，主要是門也有自己的 DPL，所以第一點的意思主要是說，不對中斷門與陷阱門的 DPL 來進行審查，除了使用軟中斷 int n、int 3 以及 into 所引發的中斷和例外，而在這種情況之下，CPL 必須大於等於門的 DPL，換句話說，門 DPL 的數值大於等於 CPL 的數值。

接下來我們要來看的是，當中斷發生時，堆疊的變化情況，從前面的學習當中我們知道，如果一個任務是以 GDT 為主，那這時候這個任務便是在特權等級為 0（例如內核）的情況之下來運行；但如果是以 LDT 為主，那這時候的任務便是在特權等級為 3 的情況之下來運行，而當中斷發生時，CPU 便會執行中斷，換句話說，CPU 便會把控制轉移到中斷或者是例外處理程式，要是處理程式在特權等級高的情況下運行的話，此時便會轉換堆疊。

堆疊轉換的情況有兩種，分別是特權等級發生變化以及特權等級不發生變化之時的情況，首先讓我們來看看特權等級發生變化之時的情況，情況如下圖所示：

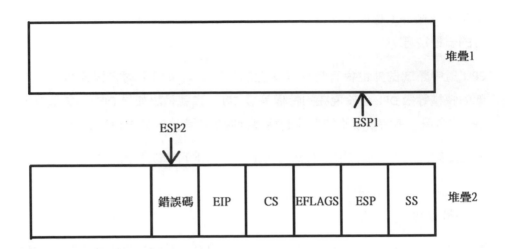

在上圖中：

堆疊 1 = 被中斷程式的堆疊

ESP1 = 進入中斷或例外處理之前的 ESP

堆疊 2 = 處理程式的堆疊

ESP2 = 進入中斷或例外處理之後的 ESP

接下來讓我們來看看特權等級不發生變化之時的情況，情況如下圖所示：

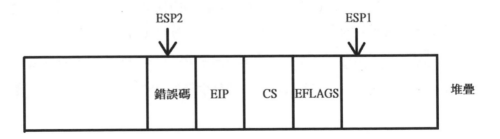

堆疊 = 被中斷程式與處理程式的堆疊

ESP1 = 進入中斷或例外處理之前的 ESP

ESP2 = 進入中斷或例外處理之後的 ESP

從上面的內容當中讓我們來歸納與補充幾點：

1. 特權等級不發生變化之時，不需要轉換堆疊
2. CPU 把舊堆疊中的堆疊指標與選擇子給放進新堆疊裡頭去
3. 透過中斷門來處理中斷之時，EFLAGS 當中的 IF 位會被 CPU 給自動清零，而回傳中斷時，將會從堆疊中恢復 EFLAGS 的當初狀態
4. 透過陷阱門來處理中斷之時，EFLAGS 當中的 IF 位不會做任何改變，好讓其他的中斷都能夠優先處理

關於第二點我補充一下，選擇子和堆疊是從哪來的？答案是從任務的 TSS 當中所取來的。

最後，關於錯誤碼的部分，我們下次再說。

≫ 8-4 錯誤碼

在上一節的學習當中，我們在堆疊裡頭看到了錯誤碼，那問題來了，究竟什麼是錯誤碼？所謂的錯誤碼，表示例外的發生是源自於選擇子或者是中斷向量，它是個 32 位元的結構：

錯誤碼				
31~16	15~3	2	1	0
保留	段選擇子的索引 Index	TI	IDT	EXT

讓我們對錯誤碼來分別介紹如下：

位元	意義
EXT	表示中斷原因是否為 CPU 外部事件 EXT = 0，不是 CPU 外部事件 EXT = 1，是 CPU 外部事件

EXT 全稱為 EXTernal Event，當 EXT = 1 之時，表示中斷是由 NMI 或者是硬體中斷等外部事件所引起

位元	意義
IDT	選擇子是否指向 IDT IDT =0，不指向 IDT IDT =1，指向 IDT

IDT = 0 的情況表示選擇子指向 GDT 或 LDT

位元	意義
TI	與選擇子的 Table Indicator 意義相同 TI =0，在 GDT 中 TI =1，在 LDT 中

IDT = 0 之時，TI 才有意義。

當錯誤碼的 32 位全部為 0 之時，有兩種意義：

1. 參考到了一個空的描述符號
2. 中斷的出現與特定的段之間沒有關係

透過 iret 或者是 iretd 等指令從中斷處回來之時，這時候的 CPU 不會處理錯誤碼，所以在執行 iret 或者是 iretd 等指令之前，必須把錯誤碼給從堆疊當中來進行移除。

最後，錯誤碼的中斷是中斷向量號的 0~32 之內，至於 32~255 之間的外部中斷和 int 軟體中斷則是不會產生錯誤碼，因此不用處理錯誤碼。

09

Chapter

從組合語言邁向作業系統
的初步暖身 - 最後衝刺

≫ 9-1 NASM 的基本用法

本章，我們要來使用組譯器 NASM 來撰寫跟作業系統有關的組合語言程式碼，因此，我們要來了解一下 NASM。

1. 符號「$」：表示目前程式碼所在的行被編譯後的位址
2. 符號「$$」：表示某個 Section（節區）起始位址
3. jmp $ 相當於 C 語言當中的 while 1，也就是無限迴圈
4. 使用方括號「[ ]」來表示記憶體位址
5. 使用 times 來重複撰寫指令或資料

讓我們來解說一下上面的意義：

關於第一點與第二點：程式碼「$-$$」表示現在這行程式碼距離 Section（節區）起始處的偏移量，也就是說，如果節區只有一個的話，那「$-$$」就表示這行程式碼距離程式起始點的距離。

也因此，times 512 – ($ - $$) DB 0 表示將要填充的資料長度

關於第四點：假如現在有個定義是：

Apple DW 0x1234H

在 NASM 底下，則：

mov ax , [Apple] 表示把 Apple 的內容 0x1234H 給放進 ax 暫存器裡頭去

後續若有更關於 NASM 的用法，我會再繼續介紹，在此，先知道上面五點就夠了。

≫ 9-2 磁碟簡介

披薩是許多人愛吃的食物，各位都知道，披薩重要的地方除了正面上的餡料之外，接下來就是披薩的熱度，也就是溫度，一片熱披薩與一片涼披薩，你說，哪個吃起來會特別爽口？當然是熱披薩。

有一天，我突然間心血來潮，於是便買了一片熱披薩回家，由於我對披薩非常地講究，所以我便在披薩的上下兩面分別各放置了一根溫度計，好讓我隨時測量披薩的溫度，情況如下圖所示：

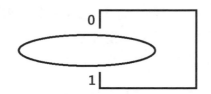

上圖中，我放一根「∏」字形且開口朝左的溫度計，而這根溫度計的頭可以幫我接收披薩的溫度，為了方便描述起見，我把朝向披薩餡料的那一根溫度計頭就編為 0 號，然後把朝向披薩餅皮的那一根溫度計頭就編為 1 號，也就是說，只要有了這個編號，我就能知道上面餡料以及下面餅皮的溫度，你看是不是很方便？

但話雖如此，溫度計頭只能針對披薩上的某一點來做探測，由於披薩這麼大片，因此，如果要知道披薩各個位置的詳細溫度，就必須要對描述披薩的位置再下一番功夫，怎麼做？

在上面的範例中，我們的披薩是圓的，這樣一來，我們就可以對披薩的位置再做劃分，各位在運動會上有參加過接力賽跑，都知道操場被分成一圈一圈的，而每一圈都表示一個位置，情況如下圖所示：

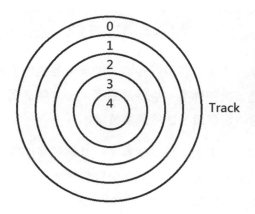

上圖中，我們把披薩分成了五圈，而最外圈則是從 0 來開始編號，往內依序是 1、2、3 與 4，也因此，我們就稱這種劃分為披薩軌道，例如第 0 披薩軌道、第 1 披薩軌道、第 2 披薩軌道、第 3 披薩軌道與第 4 披薩軌道。

有了軌道，接下來我們可以對披薩再更細分，最常見的例子就是把披薩給成切片，怎麼切？如果是單人享受披薩的話，那披薩可以隨便切，但如果是多人享用，則通常會把披薩給從圓心來開始切，圖示如下所示：

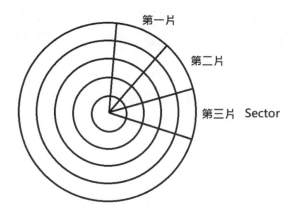

上圖中，披薩被切分成了 3 片，而每一片都有個號碼，因此，我們稱每一片披薩為區域，例如第 1 披薩區域、第 2 披薩區域與第 3 披薩區域。

從上面的內容我們可以知道，我們一直在對披薩的位置下了個規範，這規範的好處在哪裡呢？例如我想知道，溫度頭 0 號第 0 披薩軌道第 1 披薩區域的披薩溫度，這樣是不是就很方便了呢？請各位看下圖：

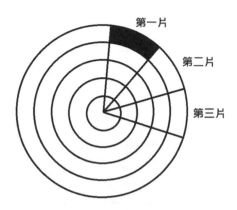

而填滿的地方就是溫度頭 0 號第 0 披薩軌道第 1 披薩區域的披薩，其中溫度頭 0 號表示披薩的上方，也就是放餡料的地方。

前面講的，只是一片披薩．如果是很多片的披薩呢？讓我們來看看下圖：

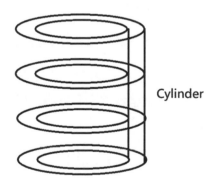

上圖中有四片披薩，不同披薩上的同一個軌道我們就稱柱面 Cylinder，而為了方便起見，我並沒有把溫度計給畫出來。

一片披薩需要一根「∩」字形的溫度計，那三片披薩的話自然需要的是三根溫度計，圖示如下所示：

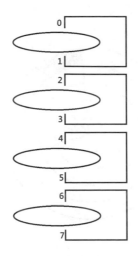

還是一樣，為了方便描述起見，我們依然把溫度計的頭給編號下去，其中 0、2、4 與 6 表示披薩的上方，也就是放餡料的地方，至於 1、3、5 與 7 則是披薩的下方，也就是餅皮的部分，後續如果披薩的數量再加，那就以此類推。

有趣的是，以溫度計的頭來編號，其實也直接地透露出了披薩是正面餡料還是反面餅皮，各位說對嗎？

好了，講完了披薩之後，現在就讓我們回到電腦，還是一樣，讓我們用個表來歸納上面的知識：

故事名詞	專有名詞	專有名詞的英文名稱
溫度計頭	磁頭	Head
披薩	碟片、磁片或磁盤	Platters
披薩軌道	磁軌、磁道	Track
披薩區域	磁區	Sector
不同披薩上的同一個軌道	磁柱、柱面	Cylinder

了解了上面的內容之後，讓我們來看看一般的真實情況：

在上圖中，Heads 就是所謂的磁頭，一共有八個，而 Platters 就是所謂的碟片也就是我們的披薩，一共有四片。

順帶一提，由多個磁區所組成的部分，我們就稱為磁叢 Cluster：

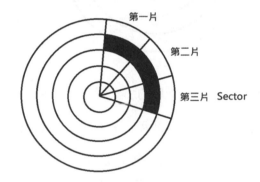

最後，讓我們來做個總結與補充：

1. 磁碟的功能就是儲存資料
2. 磁碟當中有一片一片的碟片，而資料都儲存在碟片內，因此，碟片也可以被視為記憶體的一種
3. 磁區是磁碟當中最小的存儲單元
4. 每一個磁區的大小是 512 位元組
5. 磁叢是作業系統存取資料的最小單位，且每個磁叢均有編號

本節參考與引用資料：

https://zh.wikipedia.org/wiki/%E7%A1%AC%E7%9B%98

https://zh.wikipedia.org/wiki/File:Cylinder_Head_Sector.svg

≫ 9-3 MBR 簡介

在講 MBR 之前，讓我們回到我們的披薩也就是碟片：

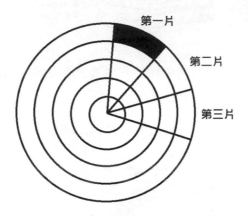

而本節的主角 MBR 就是上圖中塗黑的那一塊磁區。

了解了 MBR 的位置之後，現在就讓我們來了解一下什麼是 MBR。

MBR ，全稱為 Master Boot Record，其中文名稱為主開機紀錄、主啟動紀錄又或者是主引導扇區，MBR 位於硬碟當中的 0 磁頭 0 磁道 1 磁區的位置，因此也被稱為 MBR 啟動磁區，情況就如上圖中填黑的部分：

MBR 原則上被分為三個部份，分別是 BootLoader、分區表以及 55AA：

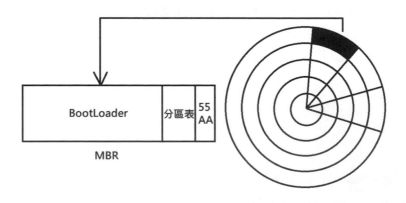

接下來就讓我們來看看這三個部分的大小以及其相關描述：

標準MBR結構

位址			描述	長度
Hex	Oct	Dec		（位元組）
0000	0000	0	代碼區	**440** （最大446）
01B8	0670	440	選用磁碟標誌	4
01BC	0674	444	一般為空值; 0x0000	2
01BE	0676	446	**標準MBR分割區表規劃** （四個16 byte的主分割區表入口）	64
01FE	0776	510	55h	MBR有效標誌: 0x55AA
01FF	0777	511	AAh	
MBR，總大小：446 + 64 + 2 =				512

在上圖中我們要知道幾件事情：

1. 代碼區的部分就是啟動程式 BootLoader 與參數，總共有 446 位元組
2. 標準 MBR 分割區表規劃：簡稱為分區表，其英文名稱為 Disk Partition Table，分區表是 64 位元組，且最多紀錄 4 個分區
3. MBR 有效標誌：MBR 的有效標誌為 55 與 AA，位於結尾，由 BIOS 來檢測
4. MBR 的大小就是 512 位元組

讓我們對上面的內容來做個簡介。

關於第一點，也是整個 MBR 的關鍵核心，主要是 MBR 裡頭放置了啟動程式 BootLoader，那什麼是 BootLoader？ BootLoader 是由 Boot 引導程式以及 Loader 引導加載程式所共同組合而成，也就是說整個 BootLoader 至少會有下列兩個功能：

1. 負責開機啟動以及加載 Loader，這部分是由 Boot 引導程式來執行
2. 配置硬體的工作環境以及引導加載作業系統的核心，這部分則是由 Loader 引導加載程式來執行

簡單來說，BootLoader 就是一個引導作業系統來開始工作的程式。

關於第二點，也就是分區表，讓我們直接來看看下圖：

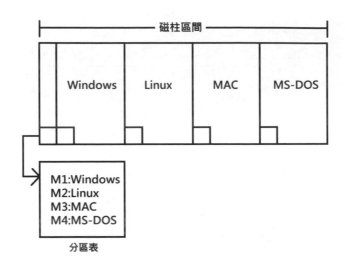

分區表是一張 64 位元組的表，表裡頭最多可以紀錄四個分區，以上圖的情況來説，分區表分別記錄了 Windows、Linux、MAC 以及 MS-DOS 等這四個作業系統的分區，由於分區表是 64 位元組，因此表中的每一個分區紀錄就是 16 位元組。

原則上硬碟可以分為主分區（Primary）以及一個擴展分區（Extended）：

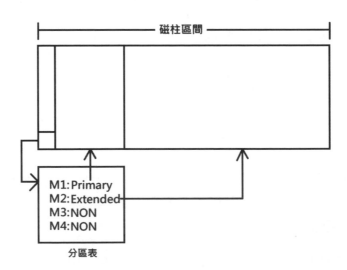

而擴展分區可以再進行切割，至於切割出來的部分，就是所謂的邏輯分區：

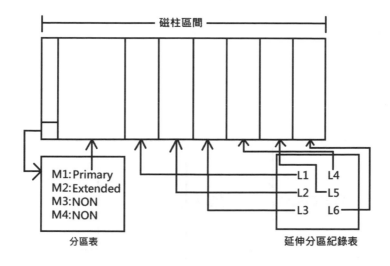

PS：M2：Extended 的箭頭我就不畫了，那就是指 L1 到 L6 之間的範圍，且 L 代表邏輯的意思。

要注意的是，邏輯分區要是被格式化，那邏輯分區就不見了。

關於第三點，MBR 的最後部分是 55 和 AA，而這 55 和 AA 是由 BIOS 來檢測，如果 BIOS 對 55 和 AA 檢測成功的話，那這時候 BIOS 便會把 0 磁頭 0 磁道 1 磁區裡頭的 MBR 啟動程式給載入到實體位址 0x0000：7C00 的地方去，接著執行 jmp 0x0000：7C00，如此一來，BIOS 便把 CPU 的使用權轉移給 MBR 了。

附帶一提的是，0 磁頭 0 磁道 1 磁區也被稱為引導磁區 Boot Sector。

本節參考資料：

https://zh.wikipedia.org/wiki/%E4%B8%BB%E5%BC%95%E5%AF%BC%E8%AE%B0%E5%BD%95

≫ 9-4 開機時選擇作業系統的簡介

開機是一個很複雜的動作，我知道很複雜，所以我們先不要把事情想得那麼複雜。各位如果有玩過像世紀帝國那樣的遊戲都知道，選民族非常重要，因為每種民族都各有其特色，攻防方面也各有絕招，所以就讓我們來看看選民族的方式：

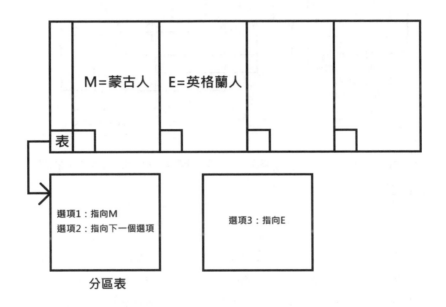

上圖中一共有五個區域，其中最左邊的區域最小，而右邊的區域最大，不但如此，右邊的區域還被分成了四個小區域，每個小區域當中都各有一個民族，假設現在只有兩種民族，而你可以選擇其中的一個民族來玩。

如果你點了選項 1，那情況就如下圖所示：

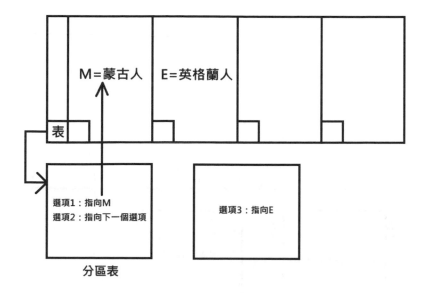

也就是直接點選了蒙古人，但如果你點了選項 2，那情況就如下圖所示：

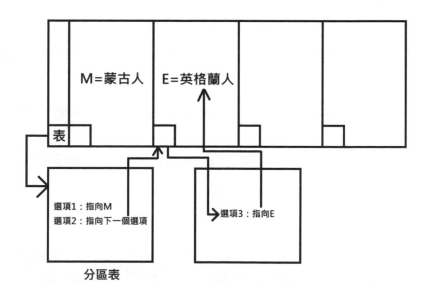

此時，選項 2 會指向下一個選項，而下一個選項又會指向選項 3，而這時候玩家所能選的，就只能是選項 3 的英格蘭人。

了解了上面的情況之後，讓我們回到電腦：

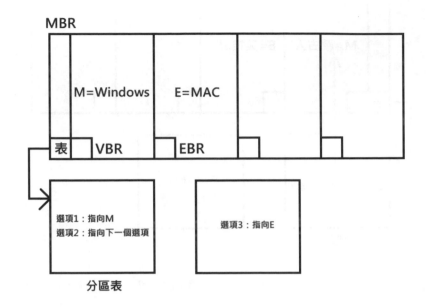

看了上圖之後，各位應該就知道我想要說些什麼了，不過與前面不同的地方是上圖多了 VBR 與 EBR 這兩個地方，現在我們就來簡介一下 VBR 與 EBR 的意義：

- VBR：主分區（Primary）上的引導磁區 Boot Sector 稱為 VBR(Volumn Boot Record)
- EBR：邏輯分區上的引導磁區 Boot Sector 稱為 EBR (Extended Boot Record)

而 VBR 與 EBR 當中都放置了 BootLoader。

≫ 9-5 開機流程簡介

開機這個流程其實很複雜，雖然以前我們有講過開機的基本概念，不過在此我們則是要稍微地深入這個基本概念。

原則上，開機會有若干個流程：

1. 啟動 BIOS：這時候的 BIOS 會執行 FFFF:0000H 當中的指令，而這個指令是個跳轉指令，會跳轉到 ROM 裡頭的 Power On Self Test（簡稱為 POST）程式的位置，接著執行 POST 程式：

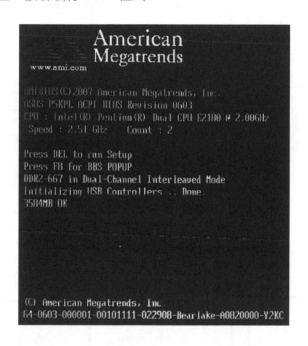

   POST 程式我相信大家應該都有看過，主要就是檢查系統當中的硬體等設備。

2. 讀取 MBR：當 BIOS 檢查完硬體 OK 之後，接著便將 MBR 載入到 0000:7C00 的地方去

3. 檢查 MBR：檢查 MBR 的最後位置（0000:01FE 與 0000:01FF）當中是否為 55AA：

   如果是：繼續下一個步驟

   如果不是：尋找其他的啟動裝置（找到則繼續，找不到就當機）

4. BIOS 交出控制權：BIOS 把 CPU 的使用權轉移給 MBR

5. 執行 BootLoader：也就是引導作業系統來開始工作

接下來讓我們來看個例子，假設 MBR 的 BootLoader 可提供兩個選項，分別是選項 1 與選項 2，如果你在開機時選了第一個作業系統 Windows 的話，那圖示如下所示：

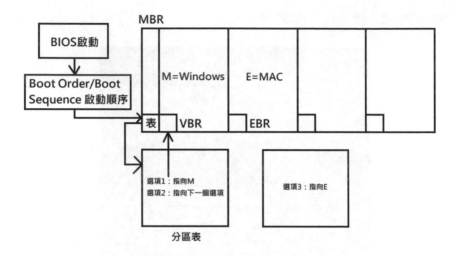

但如果你選了選項 2，那圖示如下所示：

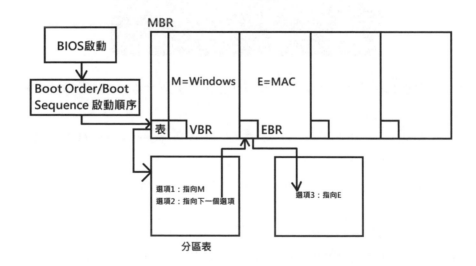

在選項 2 當中，BootLoader 把開機管理的工作轉交給 EBR 來處理，這樣一來使用者便可以使用 MAC 作業系統。

在此總結一下 BootLoader 的功能，BootLoader 有下列三個主要功能：

1. 提供選項：讓使用者來選擇開機選項
2. 載入核心檔案：把核心檔案給載入記憶體當中，並且啟動作業系統
3. 把工作轉交給其他的 Loader 程式：也就是把開機任務交給其他的 Loader 來處理

本節參考資料：

https://zh.wikipedia.org/wiki/%E5%8A%A0%E7%94%B5%E8%87%AA%E6%A3%80#/media/File:POST_P5KPL.jpg

≫ 9-6 製作一個簡單的 Boot 引導程式

1. 在桌面上新增一個 txt 檔案，並命名為 os：

2. 對 os 寫上程式碼，程式碼如下所示：

```
org 07c00h
jmp show_msg
msg db"BootLoader Example By Polaris Team"
len equ $-msg
show_msg:
        mov ax,msg
        mov bp,ax
        mov cx,len
        mov ax,01301H
        mov bx,001FH
        xor dx,dx
        int 10H
forever:
        jmp forever
times $510-($-$$) db 0
        dw 0aa55H
```

3. 另存新檔，一樣存在資料夾 nasm 裡頭，接著點選存檔：

4. 開啟 cmd，並且輸入相關命令：

5. 來到桌面，接著請點選 VMware：

6. 已經開啟了 VMware：

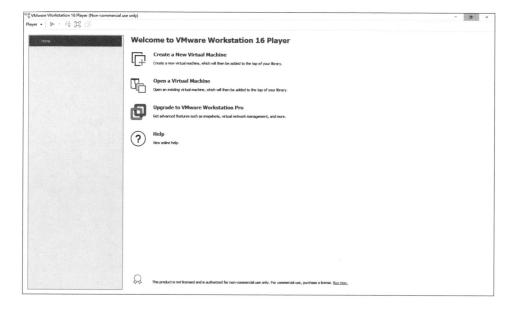

7. 點選建立一個新的虛擬機器：

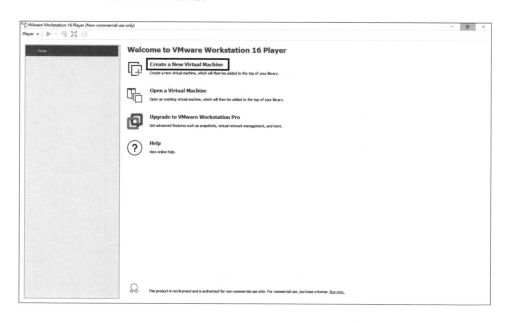

8. 來到建立畫面：

9. 點選之後安裝作業系統：

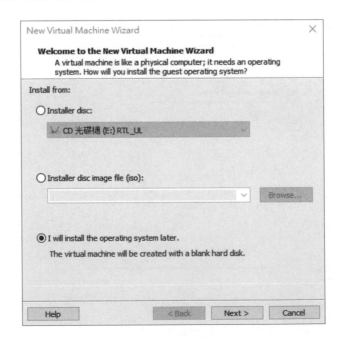

10. 點選 Next：

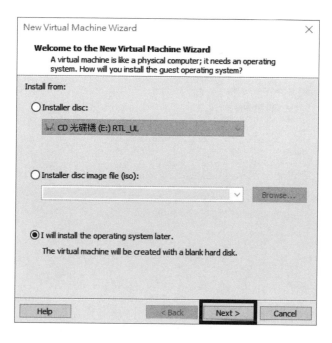

11. 來到選擇作業系統選項：

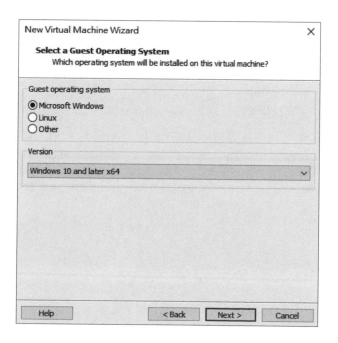

12. 點選其他：

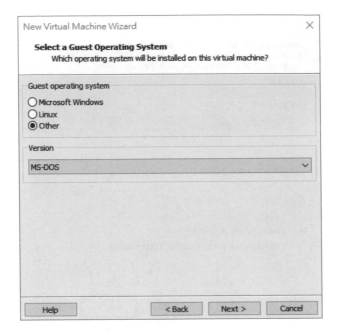

13. 點選箭頭：

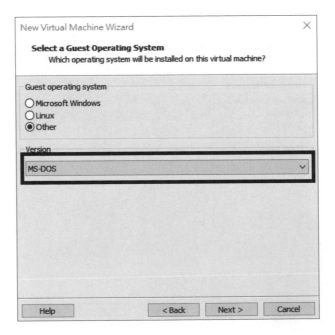

14. 點選其他：

15. 設定完畢：

16. 點選 Next：

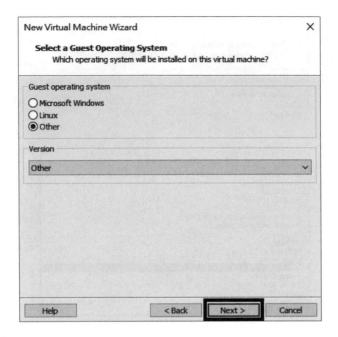

17. 設定作業系統名稱：

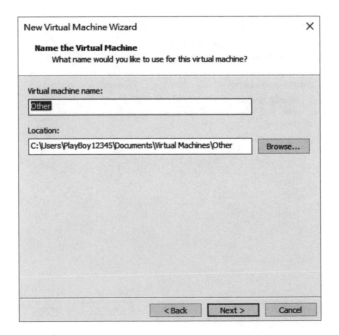

18. 點選 Next：

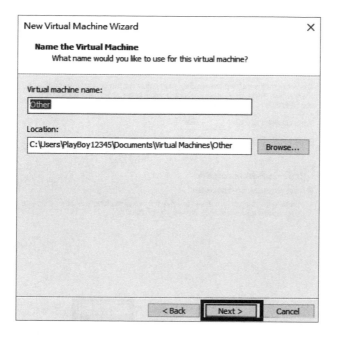

19. 設定容量大小：

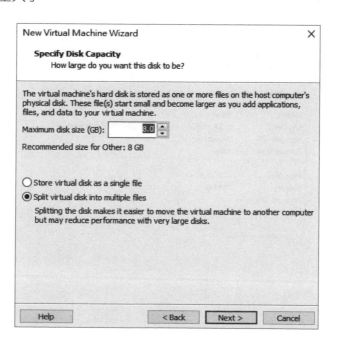

20. 點選 Next：

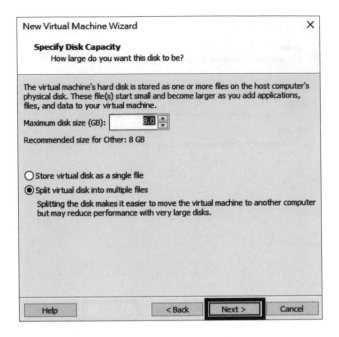

21. 全部設定檢查：

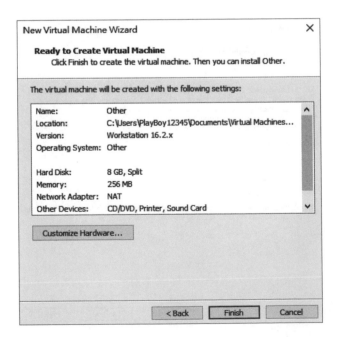

22. 點選 Finish：

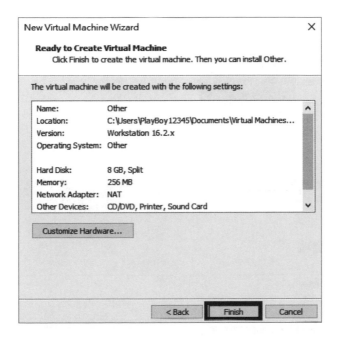

23. 來到 VMware：

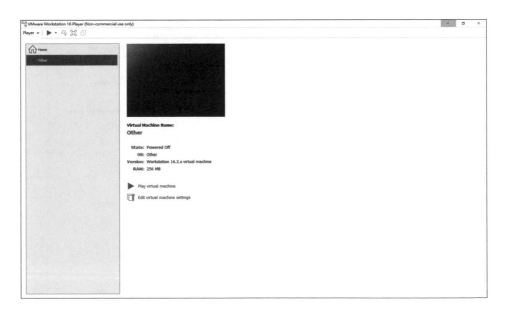

24. 編輯虛擬機相關設定：

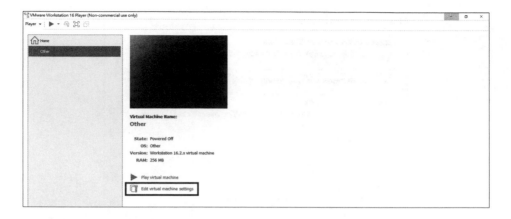

25. 來到設定選項：

26. 點選新增：

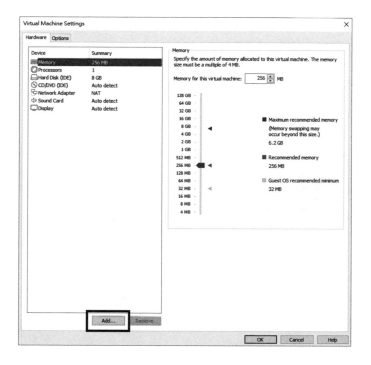

27. 出現選項：

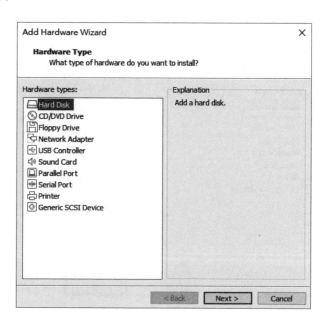

28. 點選 Floppy Drive：

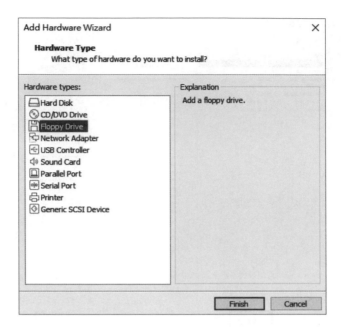

29. 點選 Finish：

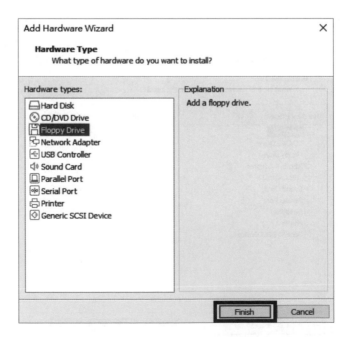

30. 來到 Floppy Drive 的相關設定選項：

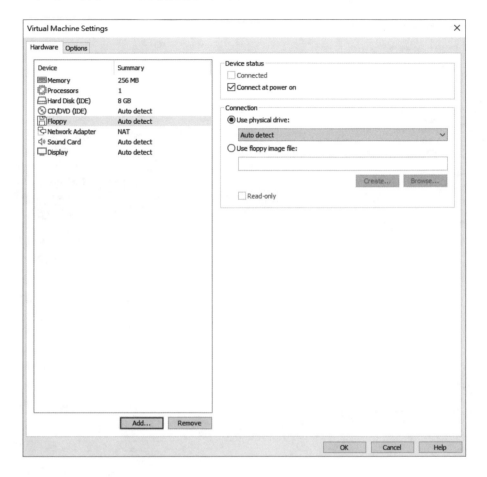

31. 選擇 Use floppy image file：

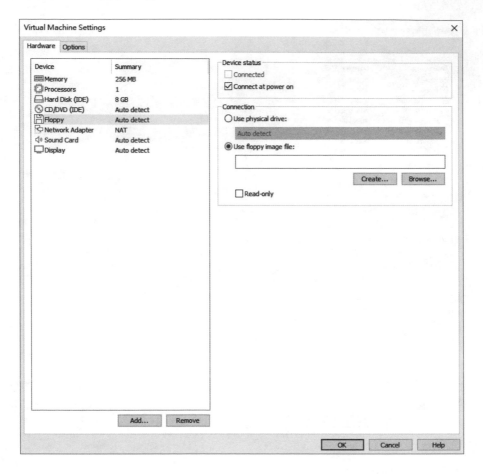

32. 點選 Browse：

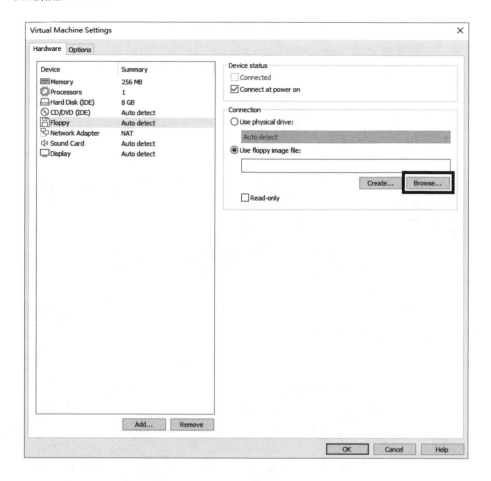

33. 來到畫面：

34. 一樣，點選 C 槽→ nasm：

35. 點選開啟：

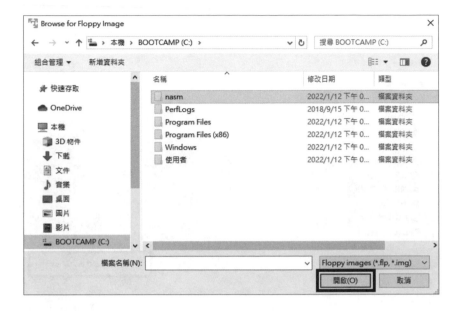

36. 進入 nasm：

37. 點選 Floppy 的地方：

38. 點選所有檔案：

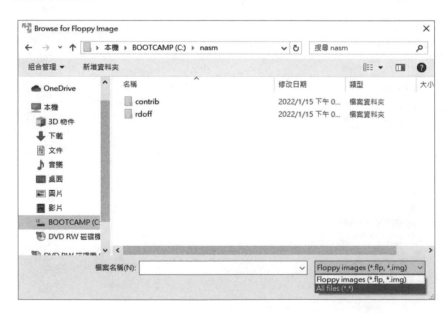

39. 出現所有檔案：

40. 點選 Boot.bin：

41. 點選開啟：

42. 完成：

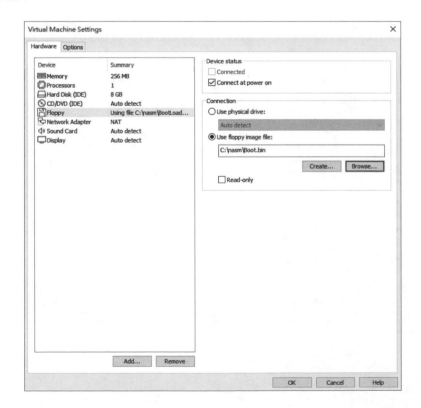

43. 點選 OK：

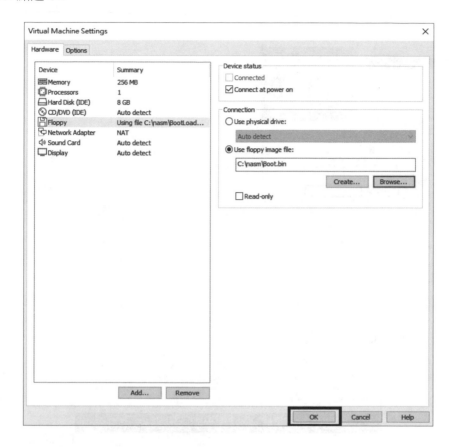

44. 來到 VMware：

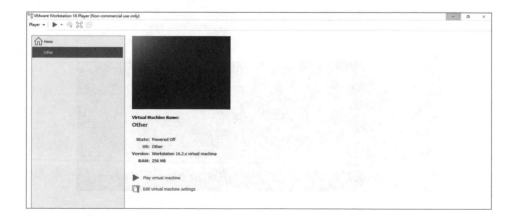

45. 點選啟動：

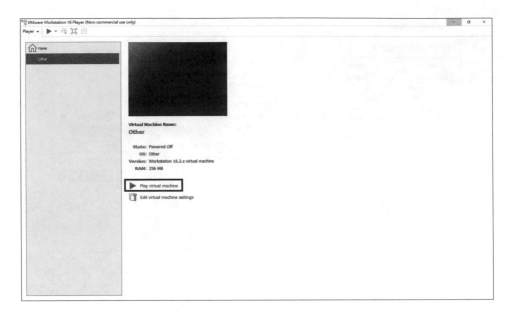

46. 成功啟動 Boot 引導程式：

最後跟各位說一下，在步驟 4 當中也有人把 bin 檔給編譯成 img 檔（有的參考文獻甚至是編譯成 com 檔），情況如下所示：

而選擇 img 檔的部分則是如下圖所示：

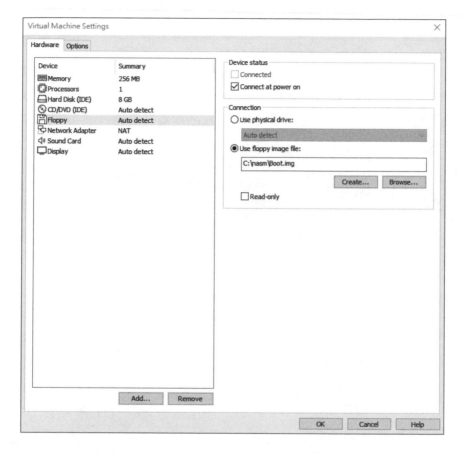

執行結果如下圖所示：

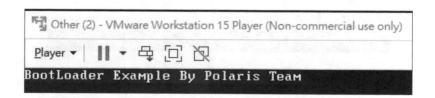

所以編譯成 img 檔的話也可以成功，關於這部分各位也可以試試。

▷ 9-7 把資料寫進顯示記憶體當中 - 使用 NASM

在前面的教學當中，我們曾經在 Debug 底下把資料給寫進顯示記憶體裡頭去，但各位也知道，在 Debug 底下來寫程式是非常麻煩的一件事情，而現在我們學會了使用組譯器 NASM，因此，同樣的事情就讓我們使用 NASM 來處理，程式碼如下所示：

```
mov ax,0xB800
mov ds,ax
mov byte [ds:0x00],'H'
mov byte [ds:0x01],0x14

mov byte [ds:0x02],'E'
mov byte [ds:0x03],0x70
mov byte [ds:0x04],'L'
mov byte [ds:0x05],0x35
mov byte [ds:0x06],'L'
mov byte [ds:0x07],0x76
mov byte [ds:0x08],'O'
mov byte [ds:0x09],0x24
```

程式碼的執行結果如下所示：

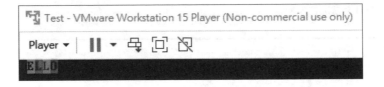

由於本書是黑白印刷，所以你看不出來上面的執行結果到底有什麼差異，在我的電腦當中，上面那五個字 Hello（含背景）所顯示出來的結果可是彩色，之所以會如此，主要是我們打料給寫進顯示記憶體當中的緣故，再加上對前景色與背景色的控制，於是便有了上圖中的結果，讓我們來看一下：

背景顏色控制	前景顏色控制		R	G	B
	I = 0	I = 1			
黑色	黑色	灰色	0	0	0
藍色	藍色	淺藍色	0	0	1
綠色	綠色	淺綠色	0	1	0
青色	青色	淺青色	0	1	1
紅色	紅色	淺紅色	1	0	0
品紅色	品紅色	淺品紅色	1	0	1
棕色	棕色	黃色	1	1	0
白色	白色	亮白色	1	1	1

也就是說，程式碼當中的 14、70、35、76 以及 24 所代表的意義就是：

資料	背景顏色控制	前景顏色控制	背景色（底）	前景色（字）	總結
14	001	100	藍色	紅色	藍底紅字
70	111	000	白色	黑色	白底黑字
35	011	101	青色	品紅色	青底品紅字
76	111	110	白色	棕色	白底棕字
24	010	100	綠色	紅色	綠底紅字

有了上面的基礎知識之後，接下來就讓我們來看看程式碼，而為了方便解說起見，讓我們配合圖解，並且藉由圖解來一步一步地觀察程式碼。

1. 執行 mov ax,0xB800，把顯示記憶體的段基礎位址 0xB800 給存進 ax 暫存器裡頭去：

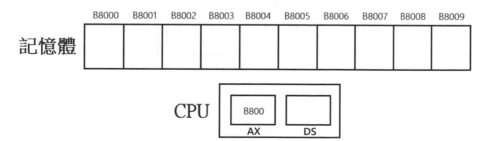

2. 執行 mov ds,ax，把 ax 暫存器當中的段基礎位址 0xB800 給存進 ds 暫存器
   裡頭去：

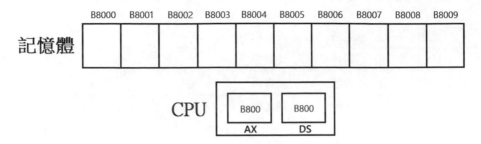

3. 執行 mov byte [ds:0x00],'H'，把 H 給丟進 B800:0000，大小是 1 個 byte：

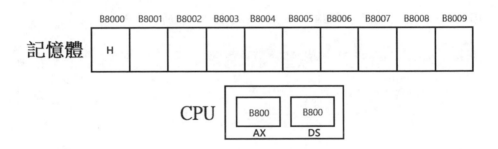

4. 執行 mov byte [ds:0x01],0x14，把 0x14 給丟進 B800:0001，大小是 1 個
   byte：

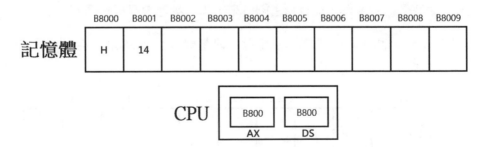

5. 執行 mov byte [ds:0x02],'E'，把 E 給丟進 B800:0002，大小是 1 個 byte：

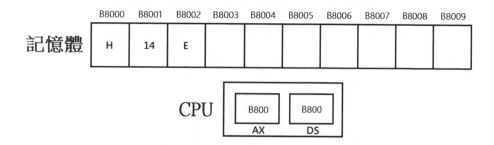

6. 執行 mov byte [ds:0x03],0x70，把 0x70 給丟進 B800:0003，大小是 1 個 byte：

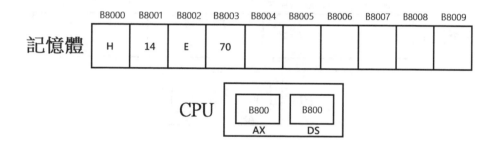

7. 執行 mov byte [ds:0x04],'L'，把 L 給丟進 B800:0004，大小是 1 個 byte：

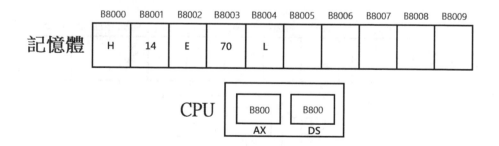

8. 執行 mov byte [ds:0x05],0x35，把 0x35 給丟進 B800:0005，大小是 1 個 byte：

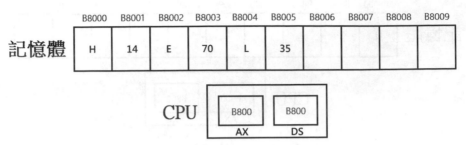

9. 執行 mov byte [ds:0x06],'L'，把 L 給丟進 B800:0006，大小是 1 個 byte：

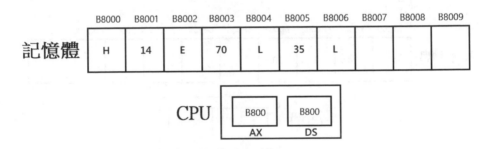

10. 執行 mov byte [ds:0x07],0x76，把 0x76 給丟進 B800:0007，大小是 1 個 byte：

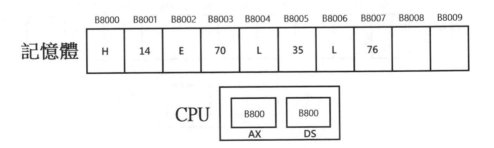

11. 執行 mov byte [ds:0x08],'O'，把 O 給丟進 B800:0008，大小是 1 個 byte：

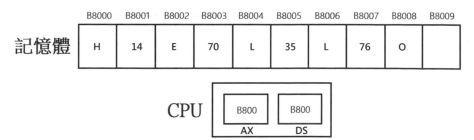

12. 執行 mov byte [ds:0x09],0x24，把 0x24 給丟進 B800:0009，大小是 1 個 byte：

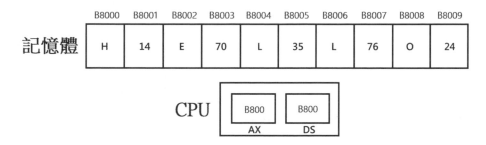

以上，就是程式碼執行的關鍵部分。

A

Debug 常用指令

≫ A-1 C 指令

C 指令的功能是讓你能夠比較某段記憶體與某段記憶體之內的資料，使用方式為打開 cmd，接著進入 debug：

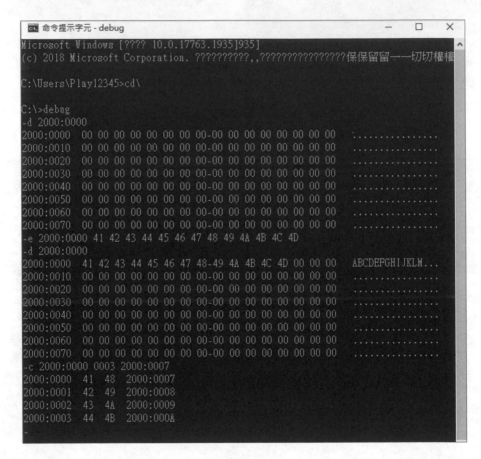

一開始我們先在空白的記憶體之內來寫入資料，接著使用 C 指令來比較。

▷ A-2 F 指令

F 指令的功能是讓你把資料給填入某段記憶體位址空間裡頭去,使用方式為
打開 cmd,接著進入 debug:

```
-d 3000:0000
3000:0000  00 00 00 00 00 00 00 00-00 00 00 00 00 00 00 00   ................
3000:0010  00 00 00 00 00 00 00 00-00 00 00 00 00 00 00 00   ................
3000:0020  00 00 00 00 00 00 00 00-00 00 00 00 00 00 00 00   ................
3000:0030  00 00 00 00 00 00 00 00-00 00 00 00 00 00 00 00   ................
3000:0040  00 00 00 00 00 00 00 00-00 00 00 00 00 00 00 00   ................
3000:0050  00 00 00 00 00 00 00 00-00 00 00 00 00 00 00 00   ................
3000:0060  00 00 00 00 00 00 00 00-00 00 00 00 00 00 00 00   ................
3000:0070  00 00 00 00 00 00 00 00-00 00 00 00 00 00 00 00   ................
-f 3000:0000 0030 41 42 43
-d 3000:0000
3000:0000  41 42 43 41 42 43 41 42-43 41 42 43 41 42 43 41   ABCABCABCABCABCA
3000:0010  42 43 41 42 43 41 42 43-41 42 43 41 42 43 41 42   BCABCABCABCABCAB
3000:0020  43 41 42 43 41 42 43 41-42 43 41 42 43 41 42 43   CABCABCABCABCABC
3000:0030  41 00 00 00 00 00 00 00-00 00 00 00 00 00 00 00   A...............
3000:0040  00 00 00 00 00 00 00 00-00 00 00 00 00 00 00 00   ................
3000:0050  00 00 00 00 00 00 00 00-00 00 00 00 00 00 00 00   ................
3000:0060  00 00 00 00 00 00 00 00-00 00 00 00 00 00 00 00   ................
3000:0070  00 00 00 00 00 00 00 00-00 00 00 00 00 00 00 00   ................
```

一開始我們先找出某段記憶體的空白區域,例如 3000:0000,接著把 41、42
與 43 用 F 指令給填入進記憶體位址 3000:0000~3000:0030 之間。

▶ A-3 G 指令

G 指令的功能是執行完某段記憶體位址當中的程式碼，使用方式為打開 cmd，接著進入 debug：

```
-a
0B1F:0100 mov ax,1
0B1F:0103 mov bx,2
0B1F:0106 add,ax,bx
0B1F:0108
-g 0B1F:0106

AX=0001  BX=0002  CX=0000  DX=0000  SP=FFEE  BP=0000  SI=0000  DI=0000
DS=0B1F  ES=0B1F  SS=0B1F  CS=0B1F  IP=0106    NV UP EI PL NZ NA PO NC
0B1F:0106 01D8          ADD      AX,BX
-g 0B1F:0108

AX=0003  BX=0002  CX=0000  DX=0000  SP=FFEE  BP=0000  SI=0000  DI=0000
DS=0B1F  ES=0B1F  SS=0B1F  CS=0B1F  IP=0108    NV UP EI PL NZ NA PE NC
0B1F:0108 2B00          SUB      AX,[BX+SI]                  DS:0002=9FFF
-
```

一開始我們先來寫組合語言程式碼，由於組合語言程式碼有好幾行，所以讓我們用 G 指令來分行執行，第一次執行是使用 G 指令來執行完到 0B1F:0106 之前的所有程式碼，所以這時候程式碼的執行結果便會是：

AX=0001 以及 BX=0002

第二次執行也是使用 G 指令來執行完到 0B1F:0108 之前的所有程式碼，因此這時候程式碼的執行結果也會是：

AX=0003 以及 BX=0002

所以 G 指令的用法很靈活，你可以指定程式碼執行到哪裡，例如下圖的一次全部執行完畢：

```
-a
0B1F:0100 mov ax,1
0B1F:0103 mov bx,2
0B1F:0106 add ax,bx
0B1F:0108
-g 0B1F:0108

AX=0003  BX=0002  CX=0000  DX=0000  SP=FFEE  BP=0000  SI=0000  DI=0000
DS=0B1F  ES=0B1F  SS=0B1F  CS=0B1F  IP=0108    NV UP EI PL NZ NA PE NC
0B1F:0108 2B00          SUB      AX,[BX+SI]                  DS:0002=9FFF
```

≫ A-4 H 指令

H 指令的功能是讓你能夠對十六進位的數字來進行相加與相減，使用方式為
打開 cmd，接著進入 debug：

```
命令提示字元 - debug                                           —    □    ×
Microsoft Windows [???? 10.0.17763.1935]935]
(c) 2018 Microsoft Corporation. ??????????,,????????????????保保留留一一切切權權

C:\Users\Play12345>cd\

C:\>debug
-h 5 3
0008  0002
-h 2 7
0009  FFFB
-h A E
0018  FFFC
-h F D
001C  0002
-
```

輸入 H 指令之後，接著輸入兩個十六進位數字，輸入完畢之後按下鍵盤上的
Enter 即會出現兩數的計算結果。

≫ A-5 M 指令

M 指令的功能是把某段記憶體空間當中的資料給複製到另外一段記憶體空間當中，使用方式為打開 cmd，接著進入 debug：

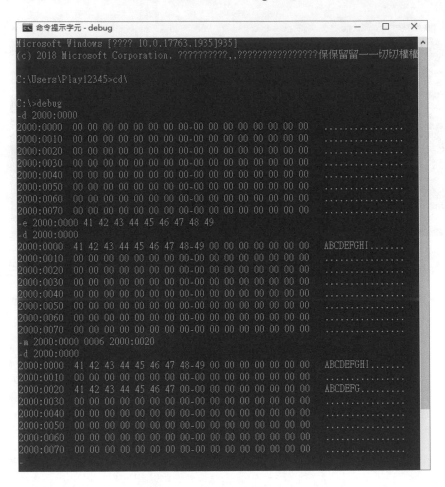

一開始我們先找出一段像是 2000:0000 的空區域，接著在 2000:0000 之內分別寫上 9 個資料 41、42、43、44、45、46、47、48 與 49，寫完後使用 M 指令把從 2000:0000 算到 2000:0006 總共 7 個資料 41、42、43、44、45、46 與 47 等給複製到 2000:0020 裡頭去，要注意的是，最後一個資料的所在位址是 2000:0026。

≫ A-6 Q 指令

Q 指令的功能是中途跳出對程式碼的執行，並結束 Debug，使用方式為打開 cmd，接著進入 debug：

```
命令提示字元

Microsoft Windows [???? 10.0.17763.1935]
(c) 2018 Microsoft Corporation. ??????????,,???????????????????

C:\Users\Play12345>cd\

C:\>debug
-a
0B1F:0100 mov ax,1
0B1F:0103 mov bx,2
0B1F:0106 mov cx,3
0B1F:0109 mov dx,4
0B1F:010C
-p

AX=0001  BX=0000  CX=0000  DX=0000  SP=FFEE  BP=0000  SI=0000  DI=0000
DS=0B1F  ES=0B1F  SS=0B1F  CS=0B1F  IP=0103    NV UP EI PL NZ NA PO NC
0B1F:0103 BB0200        MOV     BX,0002
-p

AX=0001  BX=0002  CX=0000  DX=0000  SP=FFEE  BP=0000  SI=0000  DI=0000
DS=0B1F  ES=0B1F  SS=0B1F  CS=0B1F  IP=0106    NV UP EI PL NZ NA PO NC
0B1F:0106 B90300        MOV     CX,0003
-q

C:\>
```

一開始我們輸入了四行的組合語言程式碼，且用 P 指令執行了其中兩行，但到了第三行之時我們決定不讓程式再繼續執行下去，因此輸入了 Q 指令，當輸入了 Q 指令之後，不但會結束程式碼的執行，最後還會跳出 Debug。

⟫ A-7 S 指令

S 指令的功能是讓你能夠找出你要的資料的所在位址，使用方式為打開 cmd，接著進入 debug：

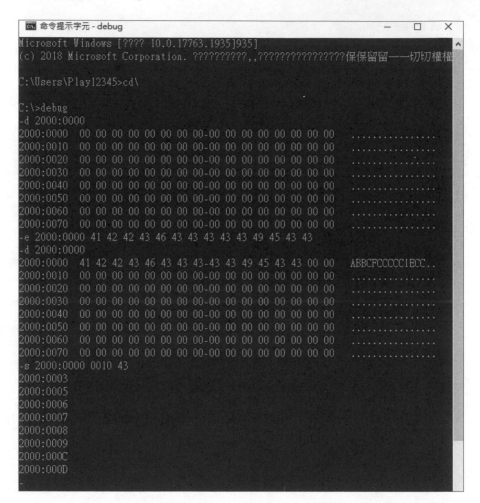

一開始先在記憶體的空白區域當中寫入資料，接著使用 S 指令來找出某段記憶體範圍內關於 43 的所在位址。

B

安裝虛擬機

≫ B-1 下載 VMware Workstation

1. 來到搜尋引擎：

2. 寫上 VMware：

3. 按下鍵盤上的 Enter：

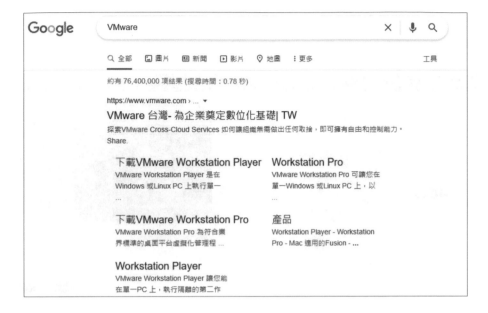

4. 點選網站入口：

5. 進入網站：

6. 點選資源：

7. 看到資源選項：

8. 點選產品試用：

9. 來到產品試用：

10. 把網頁往下拉：

接著我們會看到兩種產品，選一個你自己適用的產品。

11. 點選產品：

12. 來到執行環境平台的選項網頁：

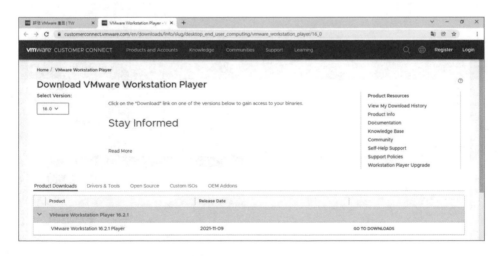

請注意這裡只有兩個平台，選一個你目前正在用的平台：

13. 點選平台：

我用的作業系統是 Windows，所以我選擇 Windows

14.VMware 下載完畢：

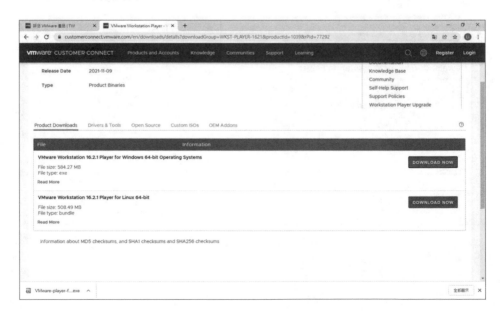

B-2 安裝 VMware Workstation

1. 點選下載完的檔案：

2. 出現安裝畫面：

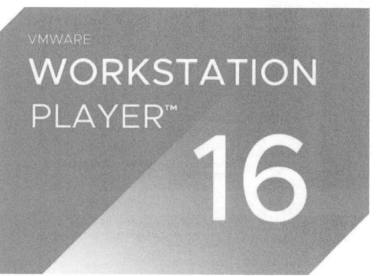

3. 來到首次安裝畫面：

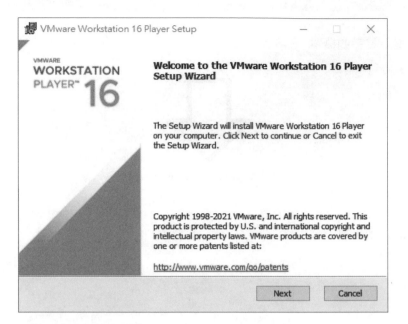

4. 點選 Next：

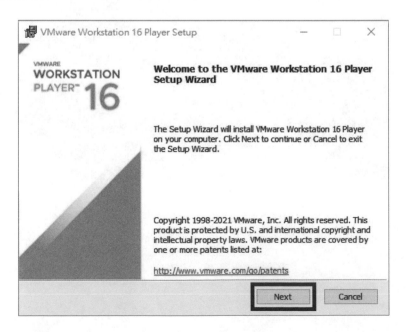

5. 是否接受條款：

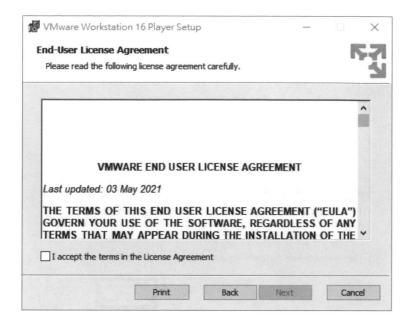

6. 勾選接受：

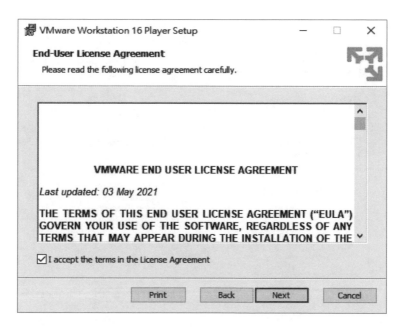

7. 點選 Next：

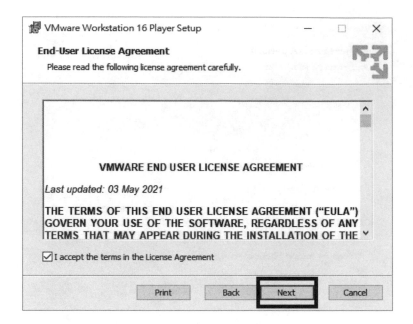

8. 來到 Custom Setup：

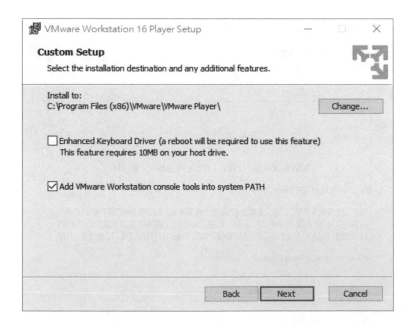

9. 點選 Next：

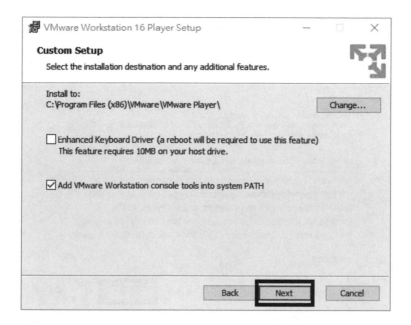

10. 來到 User Experience Settings：

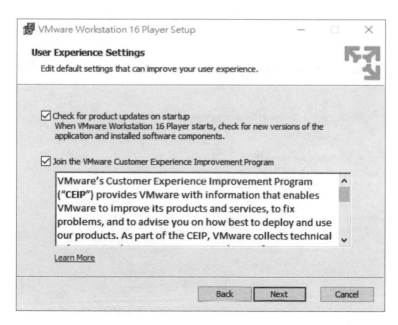

11. 點選 Next：

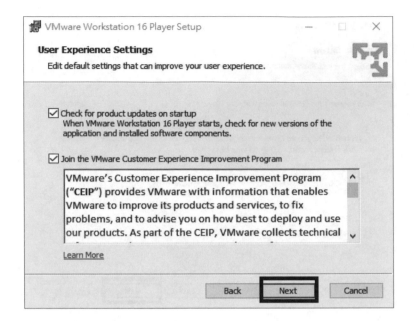

12. 來到 Shortcuts：

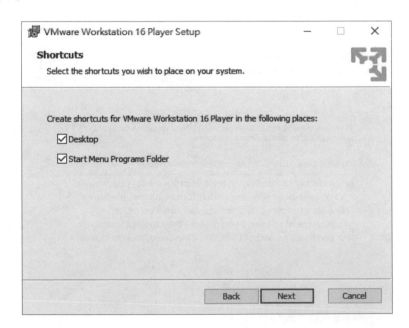

13. 點選 Next：

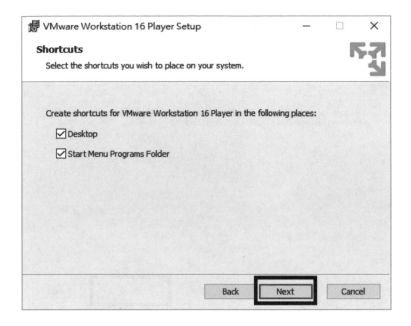

14. 是否準備要開始安裝：

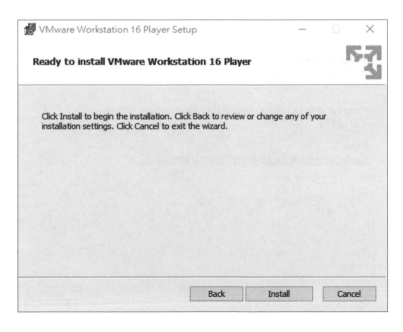

15. 點選安裝：

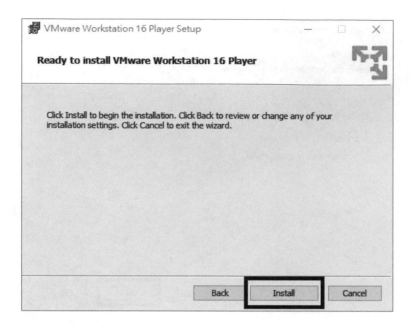

16. VMware 安裝中：

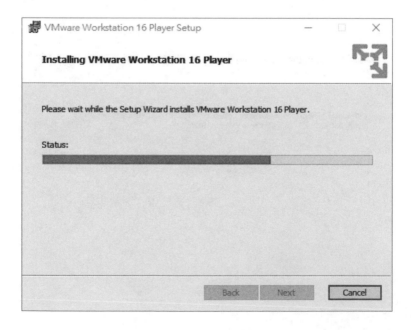

17.VMware 安裝完畢：

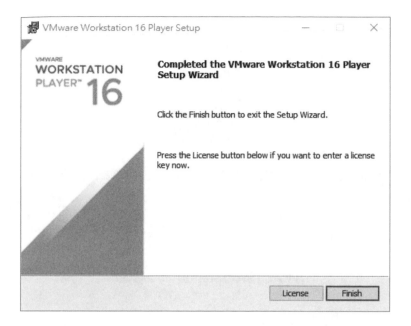

18. 點選完成：

以上是對 VMware 的安裝流程，請各位在安裝完畢之後，來到桌面上，此時便會看到：

由於是第一次設定，因此請各位點選它，點選完畢之後，接著各位就會看到下列畫面：

由於是適用，因此不需要任何序號，請點選繼續：

接著出現下列畫面：

點選完成：

出現下面這個結果，就表示你的 VMware 已經安裝成功：

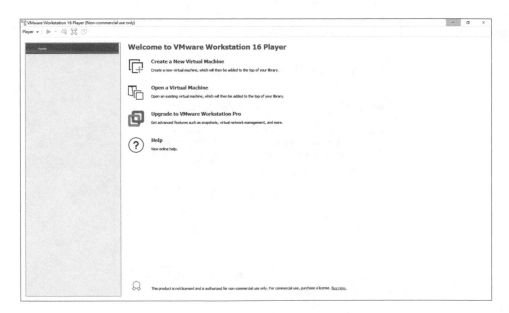

讀者回函

讀者回函

GIVE US A PIECE OF YOUR MIND

感謝您購買本公司出版的書，您的意見對我們非常重要！由於您寶貴的建議，我們才得以不斷地推陳出新，繼續出版更實用、精緻的圖書。因此，請填妥下列資料(也可直接貼上名片)，寄回本公司(免貼郵票)，您將不定期收到最新的圖書資料！

購買書號：　　　　　書名：

姓　　名：_____

職　　業：□上班族　　□教師　　□學生　　□工程師　　□其它

學　　歷：□研究所　　□大學　　□專科　　□高中職　　□其它

年　　齡：□10~20　　□20~30　　□30~40　　□40~50　　□50~

單　　位：_____　部門科系：_____

職　　稱：_____　聯絡電話：_____

電子郵件：_____

通訊住址：□□□ _____

_____

您從何處購買此書：

□書局 _____　□電腦店 _____　□展覽 _____　□其他 _____

您覺得本書的品質：

內容方面：　□很好　　　　□好　　　　□尚可　　　　□差

排版方面：　□很好　　　　□好　　　　□尚可　　　　□差

印刷方面：　□很好　　　　□好　　　　□尚可　　　　□差

紙張方面：　□很好　　　　□好　　　　□尚可　　　　□差

您最喜歡本書的地方：_____

您最不喜歡本書的地方：_____

假如請您對本書評分，您會給(0~100分)：_____ 分

您最希望我們出版那些電腦書籍：

請將您對本書的意見告訴我們：

您有寫作的點子嗎？□無　　□有　　專長領域：_____

歡迎您加入博碩文化的行列哦！

請沿虛線剪下寄回本公司

Give Us a Piece Of Your Mind

廣　告　回　函
台灣北區郵政管理局登記證
北台字第4647號
印刷品‧免貼郵票

221

博碩文化股份有限公司　產品部

新北市汐止區新台五路一段112號10樓A棟

如何購買博碩書籍

全 省書局

請至全省各大書局、連鎖書店、電腦書專賣店直接選購。

（書店地圖可至博碩文化網站查詢，若遇書店架上缺書，可向書店申請代訂）

信 用卡及劃撥訂單（優惠折扣85折，未滿1,000元請加運費80元）

請於劃撥單備註欄註明欲購之書名、數量、金額、運費，劃撥至

帳號：17484299　戶名：博碩文化股份有限公司，並將收據及

訂購人連絡方式傳真至(02)26962867。

線 上訂購

請連線至「博碩文化網站 http://www.drmaster.com.tw」，於網站上查詢

優惠折扣訊息並訂購即可。